南水北调东线山东干线工程标识标牌应用指南

南水北调东线山东干线有限责任公司 编

中国水利水电出版社
www.waterpub.com.cn
· 北京 ·

内 容 提 要

本书按照南水北调东线山东干线工程水工建筑类型、运行安全管理特点，分类编排了相应的标识标牌制作与使用条文，全书共分5部分，内容包括范围、规范性引用文件、术语和定义、标识标牌组成、标识标牌组合。全书图文并茂、直观形象，具有很强的实用性和可操作性。

本书适合水利行业相关从业人员阅读参考。

图书在版编目（CIP）数据

南水北调东线山东干线工程标识标牌应用指南 / 南水北调东线山东干线有限责任公司编. -- 北京 : 中国水利水电出版社, 2022.12
ISBN 978-7-5226-1187-7

Ⅰ. ①南… Ⅱ. ①南… Ⅲ. ①南水北调－水利工程－标志－规范－山东－指南 Ⅳ. ①TV68

中国版本图书馆CIP数据核字(2022)第252951号

书　　名	**南水北调东线山东干线工程标识标牌应用指南** NANSHUI BEIDIAO DONGXIAN SHANDONG GANXIAN GONGCHENG BIAOSHI BIAOPAI YINGYONG ZHINAN
作　　者	南水北调东线山东干线有限责任公司　编
出版发行	中国水利水电出版社 （北京市海淀区玉渊潭南路1号D座　100038） 网址：www.waterpub.com.cn E-mail：sales@mwr.gov.cn 电话：(010) 68545888（营销中心）
经　　售	北京科水图书销售有限公司 电话：(010) 68545874、63202643 全国各地新华书店和相关出版物销售网点
排　　版	中国水利水电出版社微机排版中心
印　　刷	清淞永业（天津）印刷有限公司
规　　格	140mm×203mm　32开本　3印张　83千字
版　　次	2022年12月第1版　2022年12月第1次印刷
印　　数	0001—1000册
定　　价	**39.00**元

编写人员名单

主　　编　姜延国

副 主 编　薛　峰　夏祥哲

参编人员　郭学博　翟庆民　刘晓娜　常　青
李　佳　葛立顺　井　园　李一涛
伦智达　杨海波　程国安　范万新
张　慧　房玉龙　吕鸿翔　任存峰
蔡家宏　李庆义　刘　猛　王海涛
赵启伟　赵　超　赵　鑫　李建峰
秦　峰　王自民　魏晓燕　朱明星
崔庆福　张　山　张建宇　王立健
梁笑颜

前言

2020 年 11 月，习近平总书记在视察南水北调东线工程时指出，党和国家实施南水北调工程建设，就是要对水资源进行科学调剂，促进南北方均衡发展、可持续发展。要确保南水北调东线工程成为优化水资源配置、保障群众饮水安全、复苏河湖生态环境、畅通南北经济循环的生命线。2021 年 5 月，习近平总书记在推进南水北调后续工程高质量发展座谈会上强调，南水北调工程事关战略全局、事关长远发展、事关人民福祉。习近平总书记的重要讲话，为扎实推进南水北调后续工程高质量发展指明了方向、提供了根本遵循。

南水北调东线一期工程在山东境内输水干线全长 1191km，分为韩庄运河段工程、南四湖水资源管理及水质监测工程、南四湖下级湖抬高蓄水位影响工程、南四湖至东平湖段工程、东平湖蓄水影响处理工程、穿黄河工程、鲁北段工程、济平干渠工程、济南至引黄济青段工程、截污导流工程、调度运行管理系统工程等 11 个单项工程。干线工程静态投资达 172 亿元，动态投资约 230 亿元。一期工程供水范围涉及山东境内 13 市、68 个县（市、区），配套工程投资约 270 亿元。

《南水北调东线山东干线工程标识标牌应用指南》是南水北调东线山东干线有限责任公司深入贯彻习近平总书记关于南水北调后续工程高质量发展重要指示精神，依照水利部、中国南水北调集团有限公司关于工程运行安全的各项要求，秉承新发展理念，在科学总结南水北调东线工程通水运行以来工程运行安全实践经验，系统提炼大型引调水标识标牌制作和使用相关要求的基础上编写的。本书荟萃了相关法律、法规、规程规范，按南水北调东线山东干线工程水工建筑类型、运行安全管理特点，分类编排了相应的标识标牌制作与使用条文，突出了安全规范，做到了图文并茂、直观形象，具有很强的实用性和可操作性。

本书参照 GB/T 1.1—2020《标准化工作导则　第 1 部分：标准化文件的结构和起草规则》起草。

编者

2022 年 10 月

目录

1 范围

本指南规定了南水北调东线山东干线工程标识标牌术语和定义、标识标牌组成及其组合以及图示设置等。

本指南适用于南水北调东线山东干线工程管理。其他工程可参考使用。

2 规范性引用文件

下列文件中的内容通过文中的规范性引用而构成本指南必不可少的条款。其中，注日期的引用文件，仅该日期对应的版本适用于本文件；不注日期的引用文件，其最新版本（包括所有的修改单）适用于本指南。

《南水北调东线企业视觉识别系统手册》

《南水北调东线一期工程永久标识系统设计方案手册》

《南水北调工程供用水管理条例》（国务院令第 647 号）

国调办综〔2013〕248 号《关于规范使用南水北调工程标志标识的通知》

《国家标准色色谱》

《中华人民共和国水利行业标准：水利信息处理平台技术规定（SL 538—2011）》

GB/T 16900　图形符号表示规则　总则

GBZ 158　工作场所职业病危害警示标识

GB 2893　安全色

GB 2894　安全标志及其使用导则

GB 5768　道路交通标志和标线

GB 15630　消防安全标志设置要求

GB/T 15496　企业标准体系　要求

GB/T 8416　视觉信号表面色

GB 13495.1　消防安全标志　第1部分：标志

GB/T 2893.3　图形符号　安全色和安全标志　第3部分：安全标志用图形符号设计原则

GB/T 2893.5　图形符号　安全色和安全标志　第5部分：安全标志使用原则和要求

Q/SDNSBD G/D101—2021　质量、环境、职业健康安全管理体系程序文件

3　术语和定义

下列术语和定义适用于本指南。

3.1　禁止标志

禁止人们不安全行为的图形标志。

3.2　警告标志

提醒人们对周围环境引起注意，以避免可能发生危险的图形标志。

3.3　指令标志

强制人们必须做出某种动作或采用防范措施的图形标志。

3.4　提示标志

向人们提供某种信息（如标明安全设施或场所等）的图形标志。

3.5　安全警戒线

界定和划分危险区域，向人们传递某种注意或警告的信息，

防止人身伤害及影响设备（设施）正常运行或使用的标识线。

3.6 标识标牌

制作标识的指示牌，以颜色、形状、文字、数字符号、图形符号等内容向使用者传递信息。

3.7 消防设施

建筑物内的火灾自动报警系统、室内消火栓、室外消火栓等固定设施。自动消防设施分为电系统自动设施和水系统自动设施。

4 标识标牌组成

4.1 基础系统

基础系统包括标志、标准组合、基本色色标、辅助色色标、辅助图形等。

4.2 应用系统

应用系统主要包括：建筑物标识，基础设施标识，安全标志，管理信息、技术信息、生产信息标识，导向识别标识，宣传教育设施标识。

5 标识标牌组合

5.1 基本图形

标志标准制图如图 1 所示。

标志最小使用标准如图 2 所示。

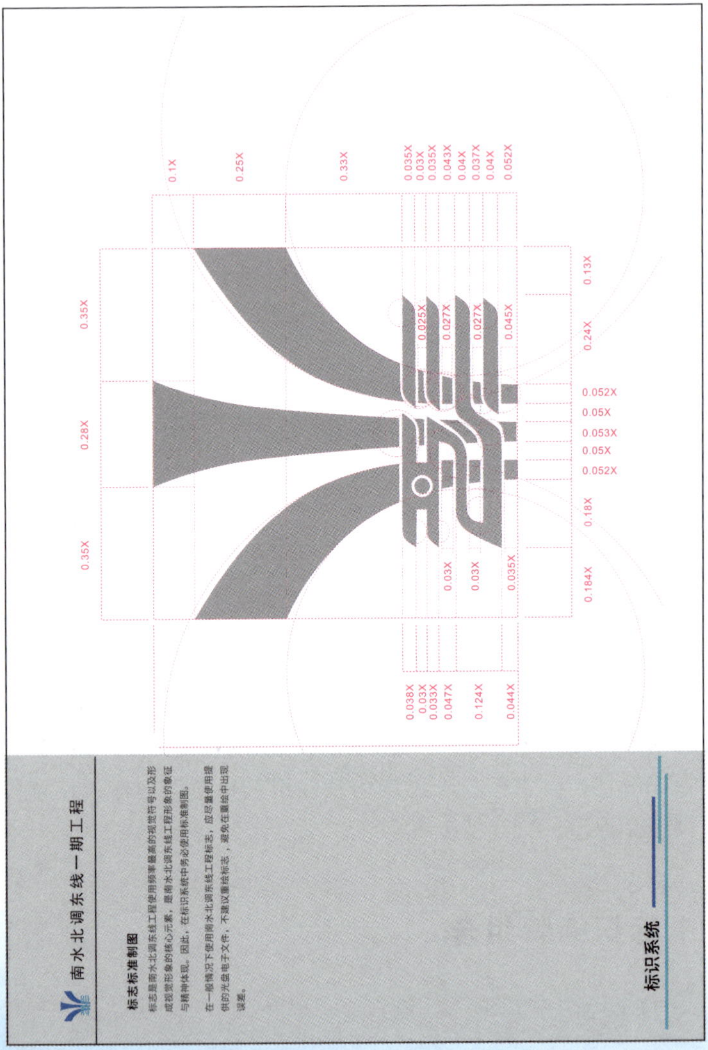
南水北调东线一期工程
标志标准制图
标志是南水北调东线工程使用频率最高的视觉符号以及形成视觉形象的核心元素，是南水北调东线工程形象的象征与精神体现。因此，在标识系统中务必使用标准制图。
在一般情况下使用南水北调东线工程标志，应尽量使用提供的光盘电子文件，不建议重绘标志，避免在重绘中出现误差。
标识系统
0.35X
0.28X
0.35X
0.1X
0.25X
0.33X
0.035X
0.03X
0.035X
0.043X
0.04X
0.037X
0.04X
0.052X
0.038X
0.03X
0.033X
0.047X
0.124X
0.044X
0.03X
0.03X
0.035X
0.025X
0.027X
0.027X
0.045X
0.184X
0.18X
0.052X
0.05X
0.053X
0.05X
0.052X
0.24X
0.13X

图 1　标志标准制图

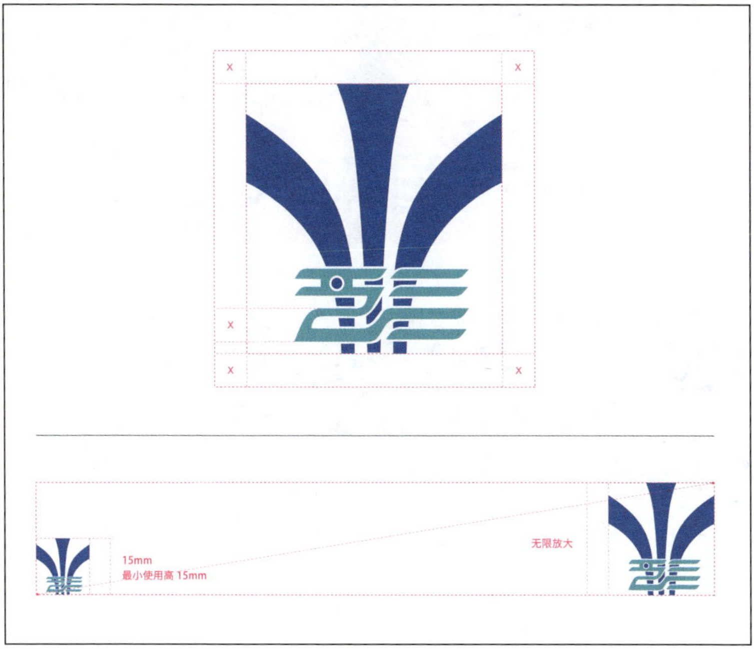

图 2 标志最小使用标准

5.2 组合方式

为适应不同使用场合与环境，确保信息传达的清晰与准确，特设计了多种组合，使南水北调东线山东干线工程视觉形象在不同情况下都能始终保持统一。

标志信息组合方式及图形比例规定如图 3～图 8 所示。

图 3 标志与中文简称组合方式一

图 4　标志与中文简称组合方式一图形比例

中国南水北调

图 5　标志与中文简称组合方式二

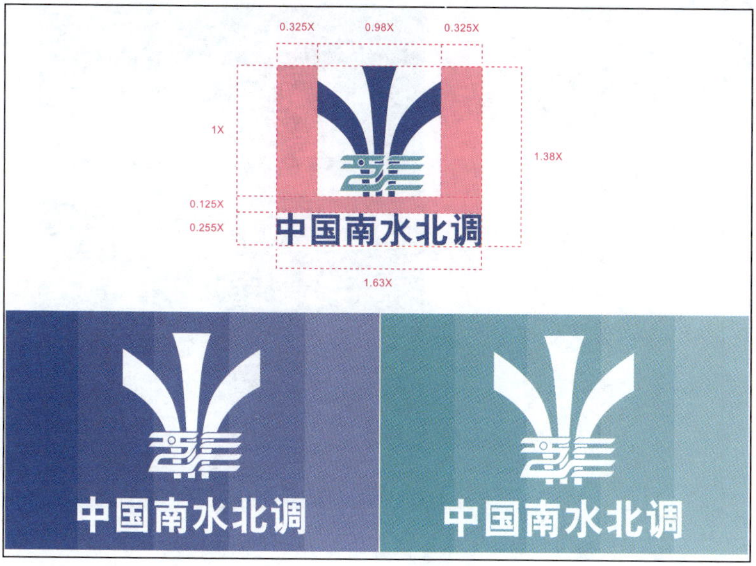

图 6 标志与中文简称组合方式二图形比例

图 7 标志与中文简称组合方式三

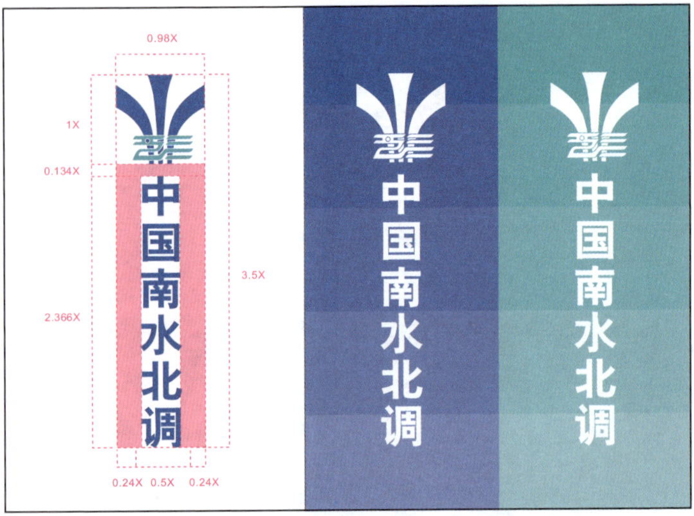

图 8　标志与中文简称组合方式三图形比例

5.3　标准字体

南水北调山东干线工程识别系统中的标准字体如图 9 所示。

思源黑体 REGULAR	企业专用中文办公字体
思源黑体 Bold	**企业专用中文办公字体**
Arial	ABCDEFGHIJKLMNOPQRSTUVWSYZ abcdefghijklmnopqrstuvwsyz
Arial Bold	**ABCDEFGHIJKLMNOPQRSTUVWSYZ** **abcdefghijklmnopqrstuvwsyz**
Arial	1234567890
Arial Bold	**1234567890**

图 9　南水北调山东干线工程识别系统中的标准字体

5.4　色彩使用

色彩是南水北调山东干线工程标识标牌系统中的重要组成部分。根据南水北调山东干线工程的特点、精神及文化，指定特定的色彩系统，应用于所有的视觉传达设计当中，利用色彩所具有的视觉刺激及心理反应，体现南水北调工程的本质特点。

a）＃3E72B9，RGB：62　114　185；CMYK：80　55　5　0；PANTONE P104－15U，如图 10 所示。

b）＃5BC1D0，RGB：91　193　208；CMYK：60　5　25　0；PANTONE P122－5U，如图 11 所示。

在所有印刷和制作的过程中，务必确保色值的准确。

图 10　标准色值图（1）

图 11　标准色值图（2）

5.5　标识标牌应用

5.5.1　建筑物标识

5.5.1.1　室外工程形象标识

规格：6000 mm×1500 mm×400 mm，可根据实际情况等

比例放大或者缩小。

工艺：镀锌方管焊接支架，外用 304 不锈钢，厚度不低于 1.5 mm，烤漆，立体字，图文信息丝网印刷。

色值：C60M5Y25K0、C80M55Y5K0。

安装：预埋混凝土胀栓固定。

位置：管理处入口一侧。

室外工程形象标识：如图 12 所示。

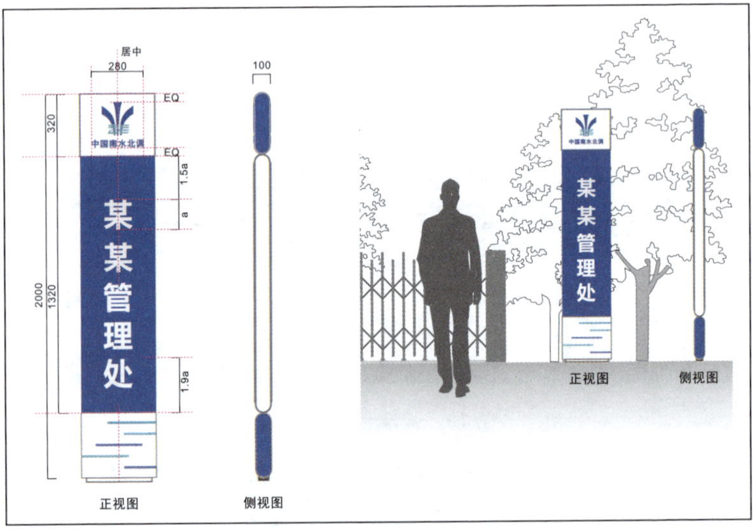

图 12　室外工程形象标识

5.5.1.2　形象标识（方案一）

规格：根据实际情况按照图文与背板的比例放大或者缩小；EQ 代表等分。

工艺：1.2 mm 厚 304 不锈钢雕刻焊接壳体名称，图文信息丝网印刷。

色值：C60M5Y25K0、C80M55Y5K0。

安装：植钉挂孔安装。

位置：管理处大门一侧。

形象标识（方案一）如图 13 所示。

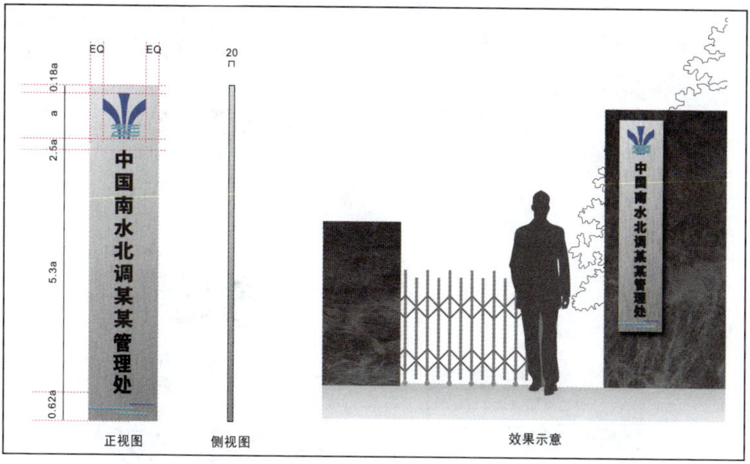

图 13 形象标识（方案一）

5.5.1.3 形象标识（方案二）

规格：根据实际情况按照图文与背板的比例放大或者缩小。

工艺：1.2 mm 厚 304 不锈钢雕刻焊接壳体名称，图文信息丝网印刷。

色值：C60M5Y25K0、C80M55Y5K0。

安装：植钉挂孔安装。

位置：管理处大门一侧。

形象标识（方案二）如图 14 所示。

5.5.1.4 形象标识（方案三）

规格：根据实际情况按照图文与背板的比例放大或者缩小。

工艺：LOGO：1.2 mm 厚 304 不锈钢雕刻焊接立字体，厚度（0.1～0.12）x。

字体：1.2 mm 厚 304 不锈钢雕刻焊接立字体，厚度 25 mm。

图形：3 mm 厚 304 不锈钢雕刻立体字。

色值：C60M5Y25K0、C80M55Y5K0。

安装：植钉挂孔安装。

位置：管理处大门一侧。

形象标识（方案三）如图 15 所示。

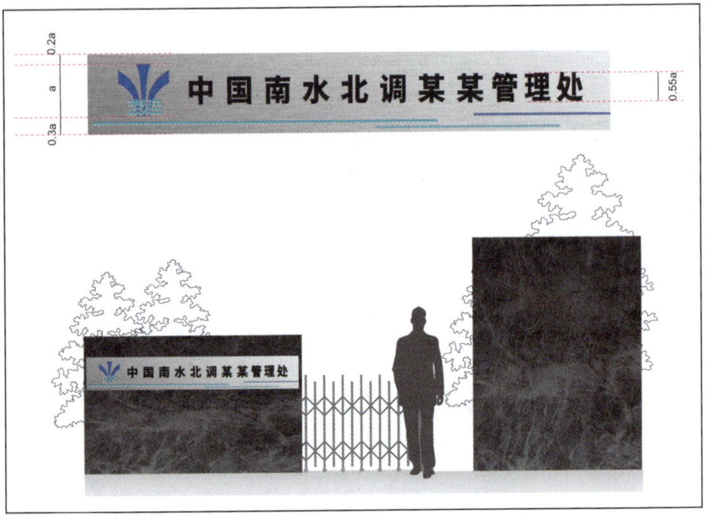

图 14　形象标识（方案二）

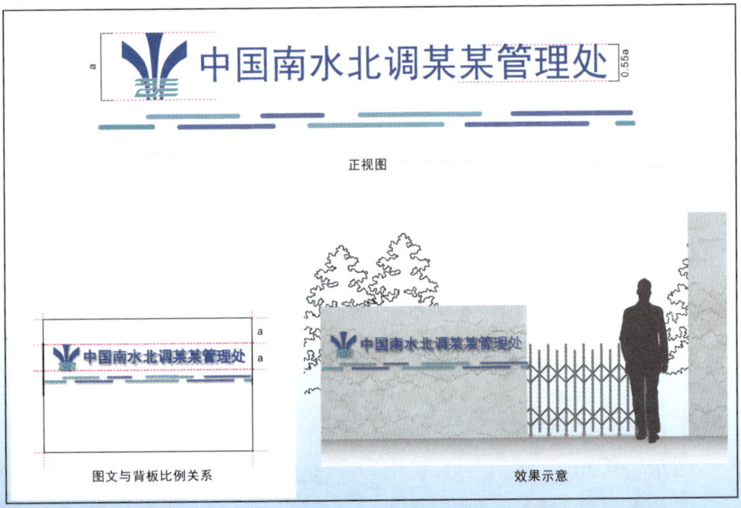

图 15　形象标识（方案三）

5.5.1.5 建筑标识

规格：600 mm×400 mm。

工艺：1.2 mm 厚 304 拉丝不锈钢，图文信息丝网印刷。

色值：C60M5Y25K0、C80M55Y5K0。

安装：植钉挂孔安装，实际安装高度可根据现场实际情况调节。

建筑标识示意图如图 16 所示。

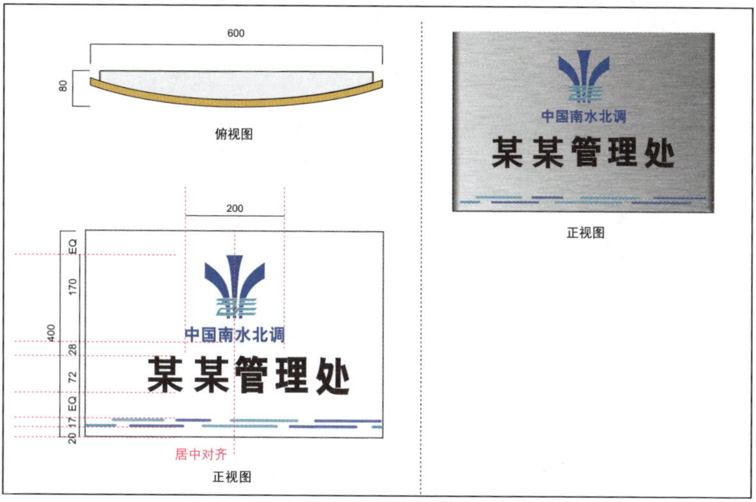

图 16 建筑标识

5.5.1.6 楼体形象标识（方案一）

规格：

6 层以下：1500 mm 以下，LOGO 及单个字尺寸 1200～1500 mm 最佳。

6～10 层：1500～2000 mm，LOGO 及单个字尺寸 1800 mm 最佳。

10～15 层：2000～2200 mm，LOGO 及单个字尺寸 2200 mm 最佳。

EQ 代表等分。

工艺：常规规格参考，具体规格应根据具体项目的最佳视觉效果为准。

LOGO：1.2 mm 厚 304 不锈钢雕刻焊接反槽字表面烤漆。

字体：1.2 mm 厚 304 不锈钢雕刻焊接反槽字表面烤漆。

色值：C60M5Y25K0、C80M55Y5K0。

安装：植钉挂孔安装。

楼体形象标识（方案一）如图 17 所示。

注：水闸、水库等可参照执行。

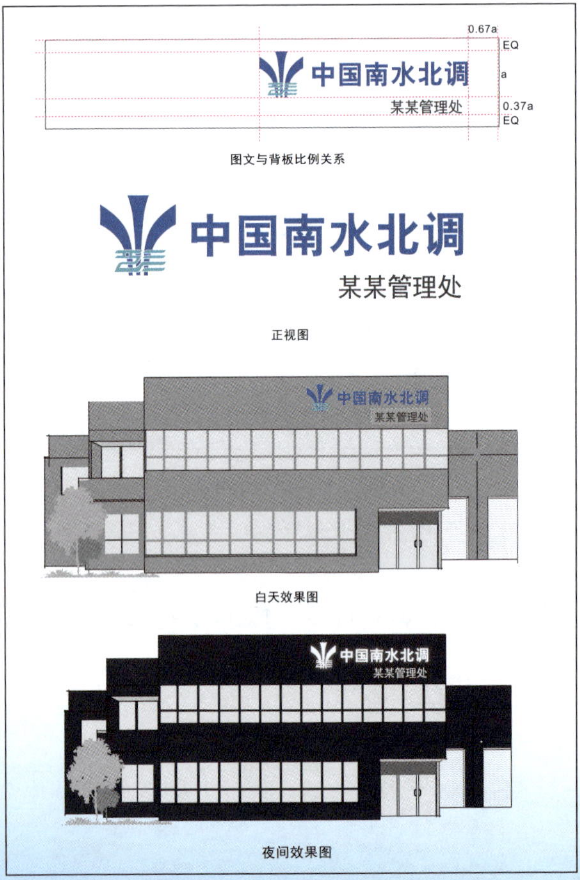

图 17　楼体形象标识（方案一）

5.5.1.7 楼体形象标识（方案二）

规格：

6 层以下：1500 mm 以下，LOGO 及单个字尺寸 1200～1500 mm 最佳。

6～10 层：1500～2000 mm，LOGO 及单个字尺寸 1800 mm 最佳。

10～15 层：2000～2200 mm，LOGO 及单个字尺寸 2200 mm 最佳。

EQ 代表等分。

工艺：常规规格参考，具体规格应根据具体项目的最佳视觉效果为准。

LOGO：1.2 mm 厚 304 不锈钢雕刻焊接反槽字表面烤漆。

字体：1.2 mm 厚 304 不锈钢雕刻焊接反槽字表面烤漆。

色值：C60M5Y25K0、C80M55Y5K0。

安装：植钉挂孔安装。

楼体形象标识（方案二）如图 18 所示。

注：水闸、水库等可参照执行。

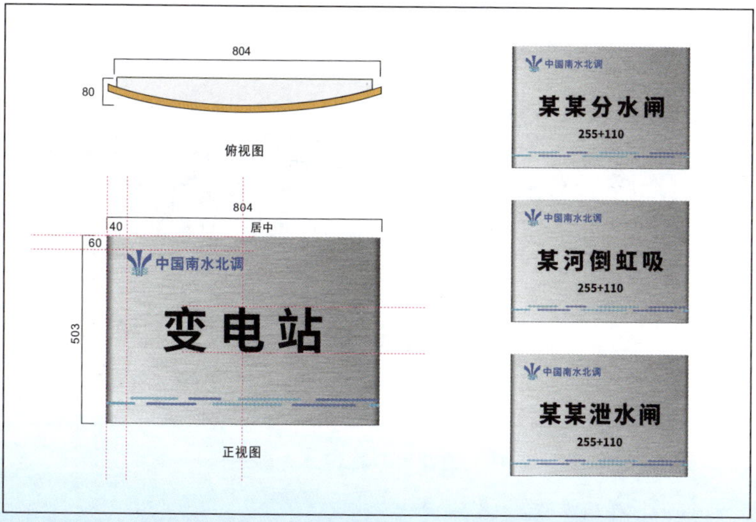

图 18 楼体形象标识（方案二）

5.5.1.8 楼体形象标识（方案三）

规格：

6层以下：1500 mm以下，LOGO及单个字尺寸1200～1500 mm最佳。

6～10层：1500～2000 mm，LOGO及单个字尺寸1800 mm最佳。

10～15层：2000～2200 mm，LOGO及单个字尺寸2200 mm最佳。

LOGO：1.2 mm厚304不锈钢雕刻焊接反槽字表面烤漆。

字体：1.2 mm厚304不锈钢雕刻焊接反槽字表面烤漆。

色值：C60M5Y25K0、C80M55Y5K0。

安装：植钉挂孔安装。

楼体形象标识（方案三）如图19所示。

注：水闸、水库等可参照执行。

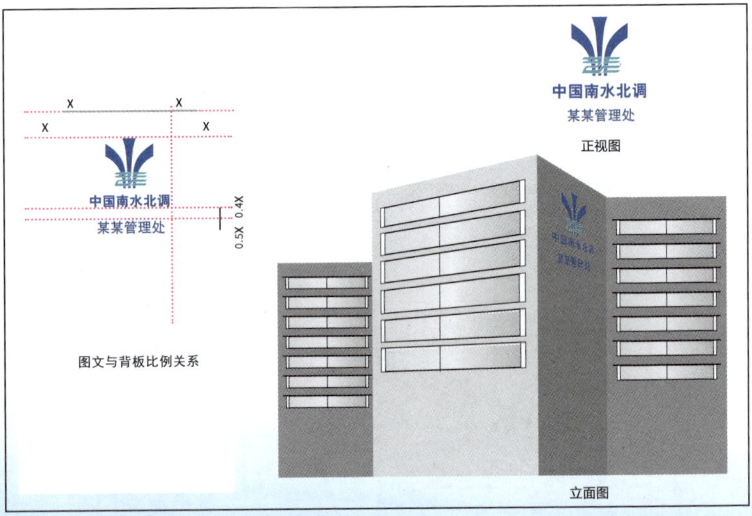

图19 楼体形象标识（方案三）

5.5.1.9 附属建筑物名称标识

规格：804 mm×530 mm/1000 mm×660 mm，厚度1.2 mm。

工艺：304 不锈钢焊接壳体，信息丝网印刷。

色值：C60M5Y25K0、C80M55Y5K0。

安装：挂孔安装，实际安装高度可根据现场实际情况调节。

附属建筑物名称标识如图 20 所示。

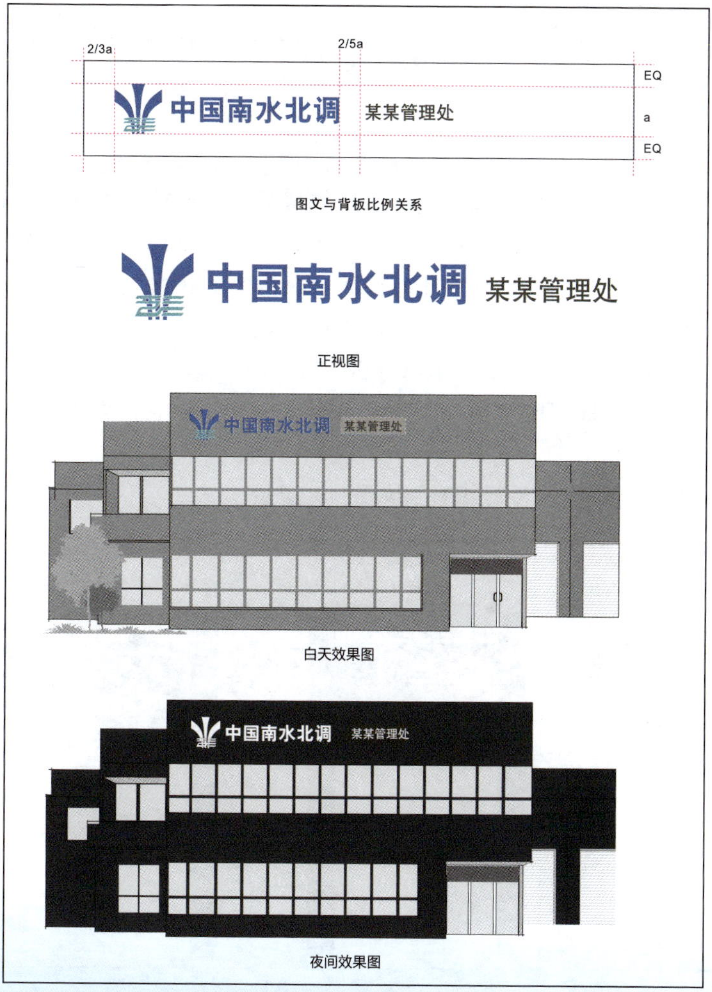

图 20 附属建筑物名称标识

5.5.1.10 交通桥/生产桥标识标牌

规格：

立柱尺寸：150 mm×150 mm×3 mm×1860 mm。

板面尺寸：900 mm×800 mm×2 mm。

底座法兰：260 mm×260 mm×10 mm。

预埋件规格：260 mm×260 mm×500 mm；地脚螺栓高16 mm。

基础尺寸：500 mm×500 mm×600 mm。

工艺：标示牌立柱、横纵梁、版面、立柱顶盖材质均为304不锈钢；基础为C25混凝土；浇筑完成后用砂浆收边找平；版面喷涂色为深蓝色、白色；内容及标识、标语、LOGO采用UV印刷，确保一次性喷涂至版面；正面版面内容为桥梁名称＋限重＋限宽＋禁止翻越，背面为“南水北调 利国利民”。

色值：C60M5Y25K0、C80M55Y5K0。

安装：标识牌整体加工完成并做好包装保护后，方可运至指定地点安装。

交通桥/生产桥标识标牌如图21所示。

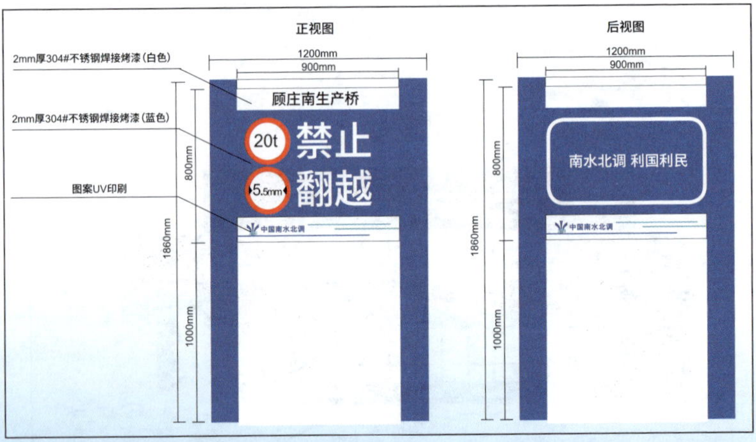

图21 交通桥/生产桥标识标牌

5.5.1.11 涵闸标识标牌

规格：600 mm×400 mm。

工艺：1.2 mm 厚 304 拉丝不锈钢，内容丝网印刷。

色值：C60M5Y25K0、C80M55Y5K0。

安装：植钉挂孔安装。

位置：根据实际需要位置自定。

涵闸标识标牌如图 22 所示。

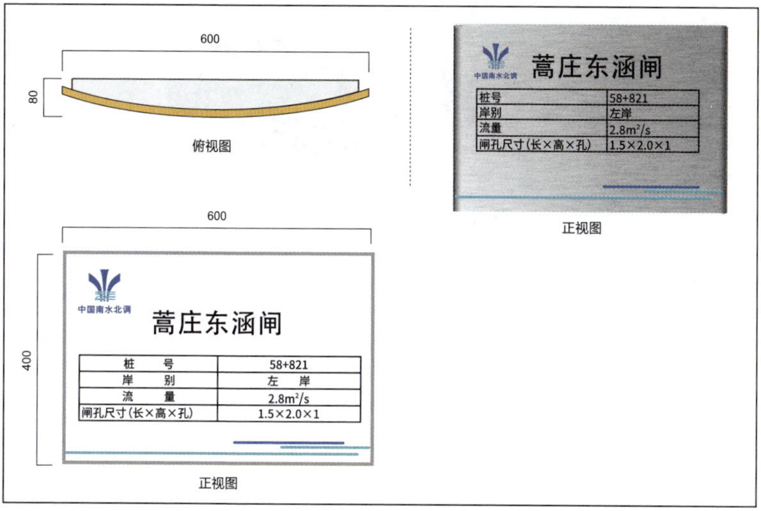

图 22 涵闸标识标牌

5.5.2 基础设施标识

5.5.2.1 电缆标示标识

规格：68 mm×32 mm。

工艺：PVC 材质。

色值：C0M20Y100K0、C0M100Y100K0、C100M0Y100K0。

安装：标牌上打孔，扎带固定。

颜色：红色为强电；黄色为弱电；绿色为通信。

电缆标示标识如图 23 所示。

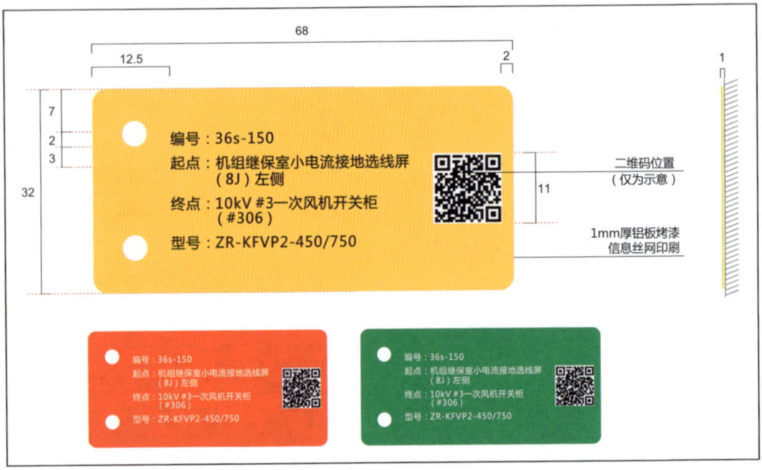

图 23　电缆标示标识

5.5.2.2　操作柜标识

规格：详见参数表。

工艺：2 mm 厚铝板烤漆白色，图文信息丝网印刷。

色值：C0M100Y100K0。

安装：粘贴安装。

操作柜标识如图 24 所示。

单位：mm

参 数	A	B	A_1	B_1
数 值	320	220	288	188

标识牌参数表

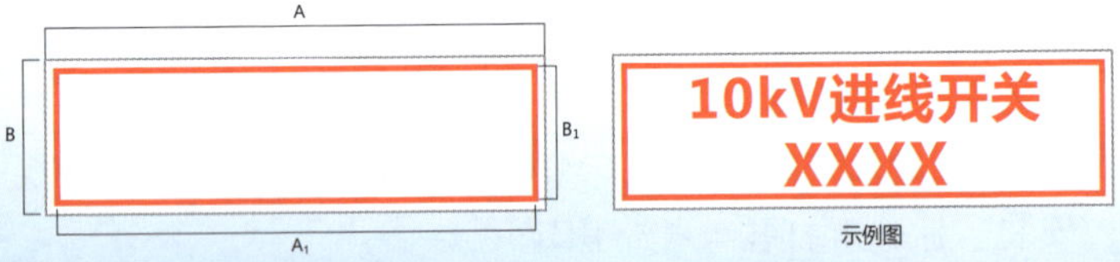

标识牌制作标准　　示例图

图 24　操作柜标识

5.5.2.3 线杆、线塔、通信杆标识标牌

规格：400 mm×320 mm/800 mm×640 mm（可按实际情况等比例缩放）。

工艺：1.2 mm 厚不锈钢，雕刻烤漆丝网印刷。

色值：C80M55Y5K0。

安装：卡箍式固定。

位置：线缆始端和终端，线杆/线塔/通信杆明显易见处。

线杆、线塔、通信杆标识标牌如图 25 所示。

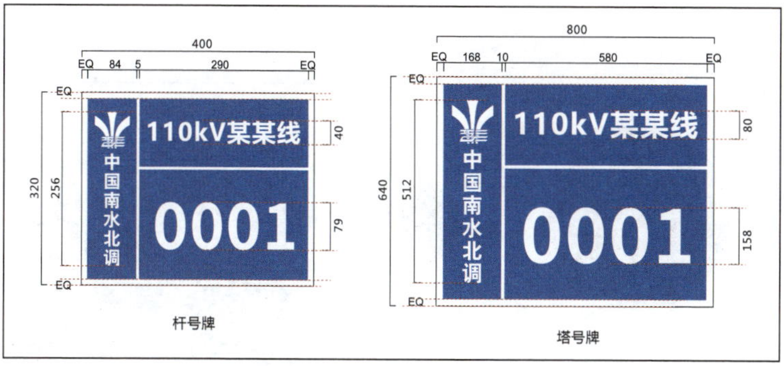

图 25 线杆、线塔、通信杆标识标牌

5.5.2.4 安全监测点防护盒标识

规格：144 mm×144 mm×70 mm，亦可根据实际需要自定尺寸。

工艺：1.2 mm 厚 304 拉丝不锈钢焊接，图文信息丝网印刷，黑色装饰钉固定面板。

安全监测点防护盒标识如图 26 所示。

5.5.2.5 工作基点

规格：1200 mm×400 mm。

工艺：混凝土浇灌，外套 PVC 管，图文信息丝网印刷。

工作基点标识如图 27 所示。

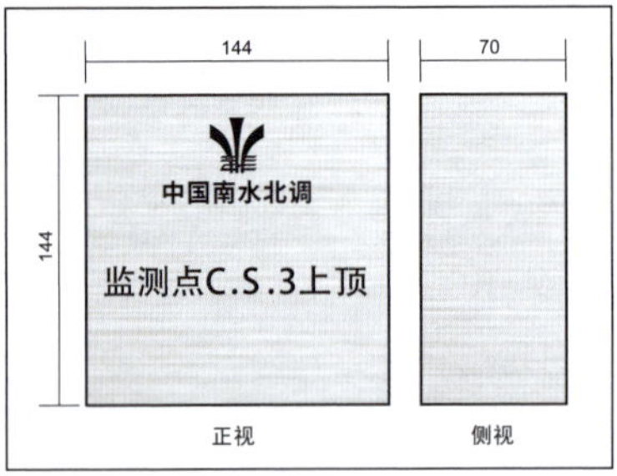

图 26　安全监测点防护盒

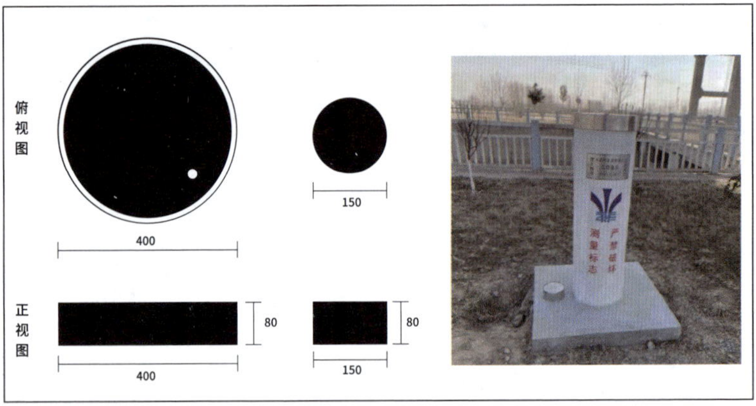

图 27　工作基点标识

5.5.2.6　安全监测点铭牌

规格：300 mm×80 mm×1.2 mm；150 mm×40 mm×1.2 mm。

工艺：1.2 mm 厚 304 拉丝不锈钢焊接，图文信息丝网印刷，黑色装饰钉固定面板。

色值：C0M100Y100K0。

安全监测点铭牌如图 28 所示。

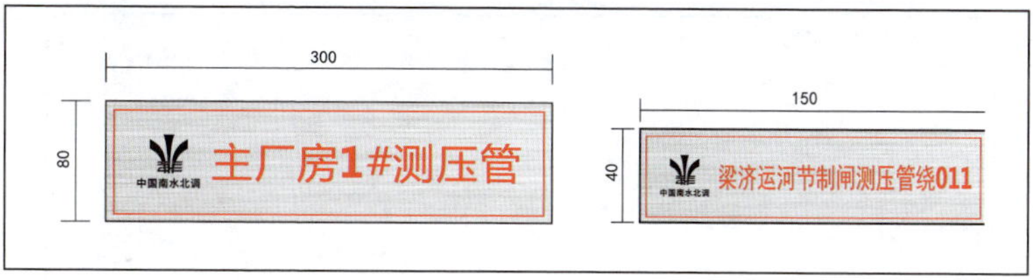

图 28 安全监测点铭牌

5.5.2.7 水位标识

规格：450 mm×150 mm。

工艺：304 不锈钢或 2 mm 厚铝板烤漆，图文信息丝网印刷。

色值：C0M100Y100K0。

安装：如固定水尺需用膨胀栓，膨胀栓打孔，深度小于 60 mm。

警示水位标记使用规范：文字高为 60 mm 左右，水位标记线宽为 450 mm 左右；“渠底高程”在泵站、水库、渠道底不是平面的地方，不宜安装标注。以上字高和线为一般参考标准，特殊环境可根据可视范围的需要确定。

水位标识如图 29 所示。

5.5.2.8 洪水位警示柱标识

规格：根据实际情况按比例调整尺寸。

工艺：2 mm 厚 304 拉丝不锈钢，图文信息丝网印刷；或在渠道边坡刻画。

色值：见具体标注。

安装：

方式一：C25 混凝土预埋，预埋尺寸根据实际需要自定。

方式二：地面以下下埋 50 cm。

洪水位警示柱标识如图 30 所示。

5.5.2.9 人手井标识

规格：250 mm×60 mm。

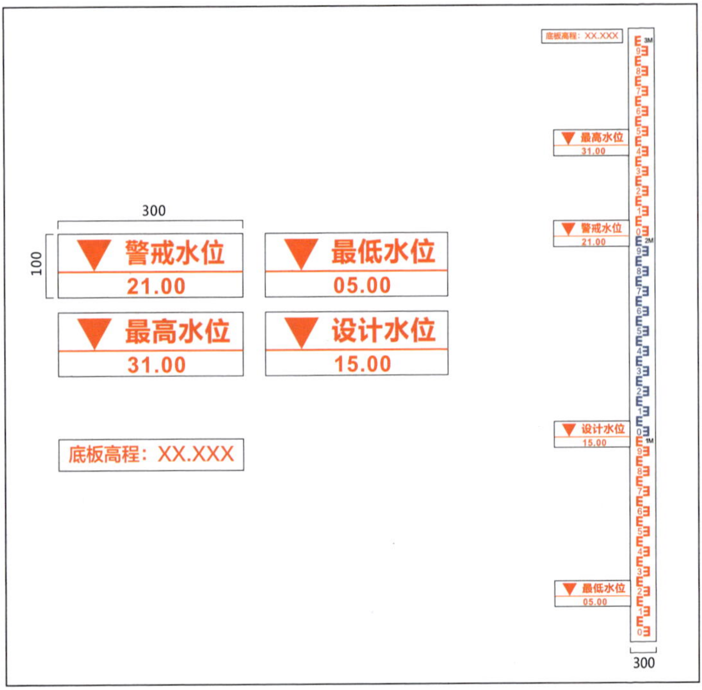

图 29　水位标识

工艺：膜刻绘，油漆现场喷涂。

色值：C0M100Y100K0。

位置：人手井等相应井盖明显处。

人手井标识如图 31 所示。

5.5.2.10　电缆、光缆标识（方案一）

规格：600 mm×150 mm×150 mm。

工艺：大理石/混凝土，或 4 mm 玻璃钢复合材质，文字阴刻填漆。

安装及深埋要求：户外电缆标志桩铺设醒目，起到警示标志作用，一般高于地面 400 mm，草坪地电缆光缆通道直线段标志桩、板每隔 50 m 埋设 1 件，电缆、光缆每个转角处接头都应该

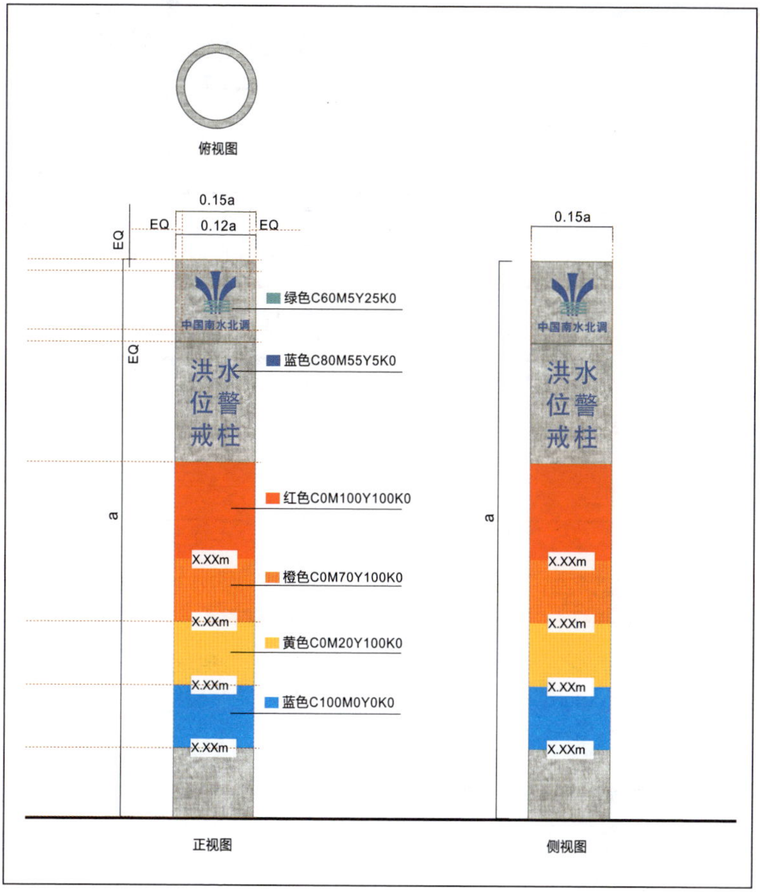

图 30 洪水位警示柱标识

埋设 1 块电缆、光缆标识桩。电缆、光缆交叉、转弯处每隔 5～10 m 装设标识牌，电缆进出隧道及建筑物时，应在出口两侧装设标识。

色值：C60M5Y25K0、C80M55Y5K0、C0M100Y100K0。

电缆、光缆标识（方案一）如图 32 所示。

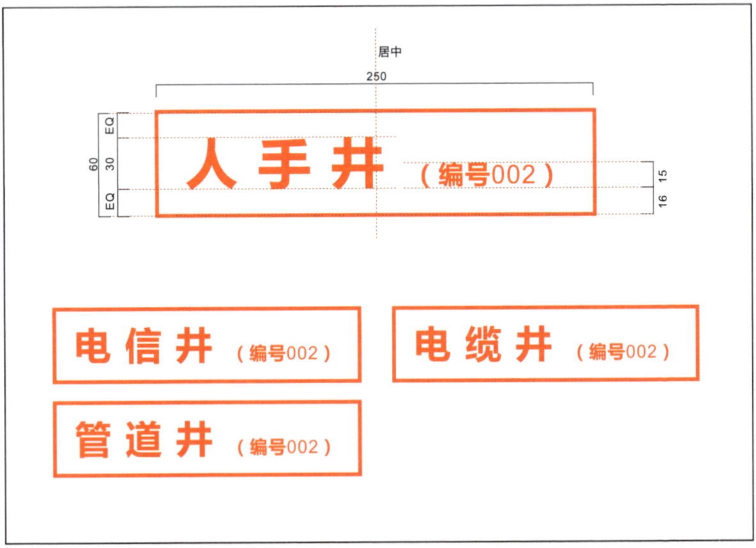

图 31　人手井标识

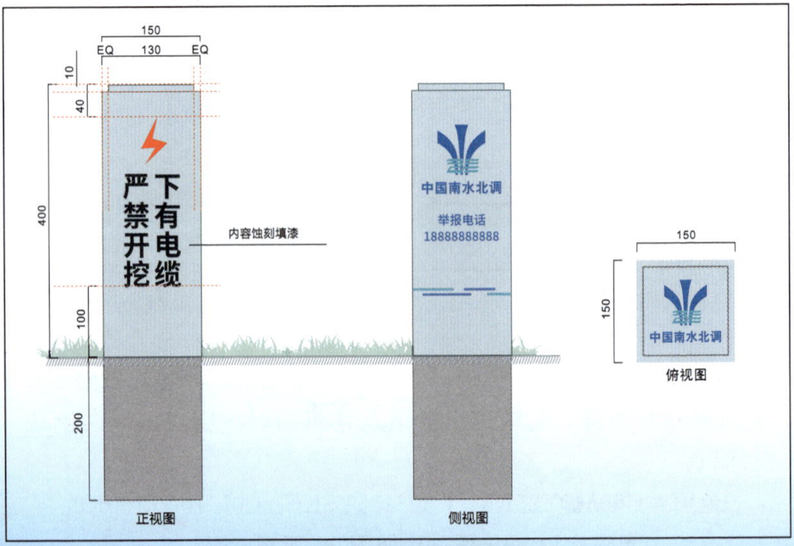

图 32　电缆、光缆标识（方案一）

5.5.2.11 电缆、光缆标识（方案二）

规格：105 mm×70 mm。

工艺：1.2 mm 厚 304 不锈钢腐蚀烤漆。

色值：C0M20Y100K0。

电缆、光缆标识（方案二）如图 33 所示。

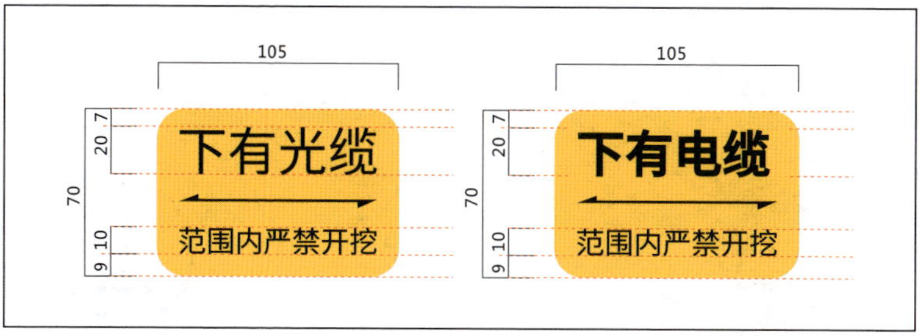

图 33 电缆、光缆标识（方案二）

5.5.2.12 接地线、接地端标志

接地端：

规格：600 mm×150 mm×150 mm。

工艺：大理石/其他石材，或 4 mm 厚玻璃钢复合材质，文字阴刻填漆。

色值：C60M5Y25K0、C80M55Y5K0、C0M0Y0K100、C0M20Y100K0。

安装要求：户外电缆标志桩铺设醒目，起到警示标志作用，宜高于地面 400 mm；草坪地电缆光缆通道直线段标志桩、板每隔 50 m 埋设 1 件。电缆、光缆每个转角处接头都应该埋设 1 块电缆、光缆标识桩。电缆、光缆交叉、转弯处每隔 5～10 m 装设标识牌，电缆进出隧道及建筑物时，应在出口两侧装设标识。

接地线：

规格：100 mm×100 mm 或根据安装部位空间尺寸制作。

工艺：3M 地贴喷绘、车贴或铝板烤漆丝网印刷。

色值：C5M20Y80K0。

接地线、接地端标志如图 34 所示。

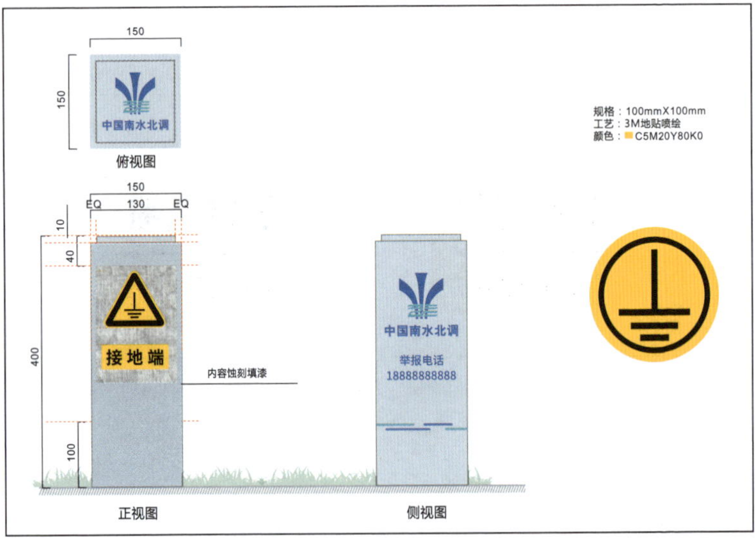

图 34　接地线、接地端标志

5.5.2.13　户外监控区提示标识标牌

规格：400 mm×600 mm/500 mm×350 mm，亦可根据场所同比例缩放。

工艺：3 mm 铝板烤漆。

色值：C0M20Y100K0。

安装：粘贴安装。

户外监控区提示标识标牌如图 35 所示。

5.5.2.14　厂房内高程标识

规格：500 mm×720 mm×20 mm。

工艺：1.5 mm 厚铝板焊接烤漆，图文信息丝网印刷。

色值：C0M20Y100K0、C60M5Y25K0、C80M55Y5K0。

安装：挂孔安装。

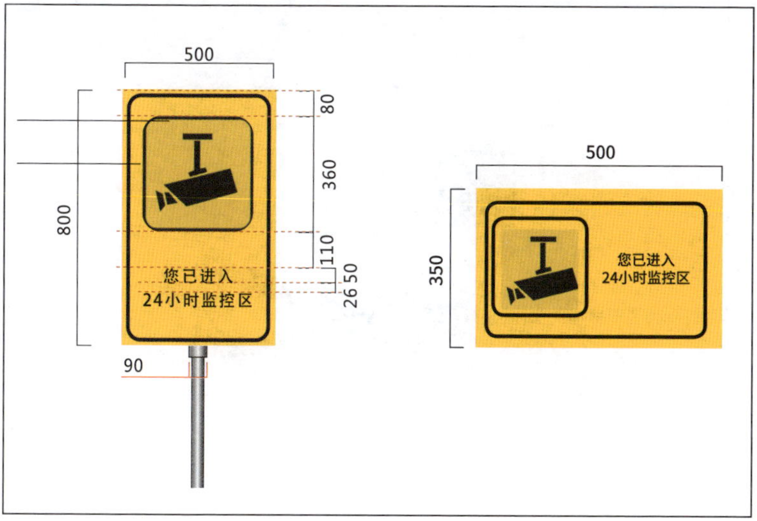

图 35 户外监控区提示标识标牌

位置：泵站厂房各层明显处。实际安装高度可根据现场需求调整。

厂房内高程标识如图 36 所示。

5.5.2.15 界桩标识

规格：尺寸单位为毫米，高程单位为米。

工艺：预制混凝土强度等级 C20；钢筋直径 6～10 mm。

安装：为方便搬运，基座采用组合结构。

界桩标识如图 37 所示。

5.5.2.16 工程责任信息牌

规格：1500 mm×1400 mm×350 mm。

工艺：花岗岩阴刻填漆，底部与混凝土基座浇筑一体。

色值：细花纹芝麻白。

工程责任信息牌如图 38 所示。

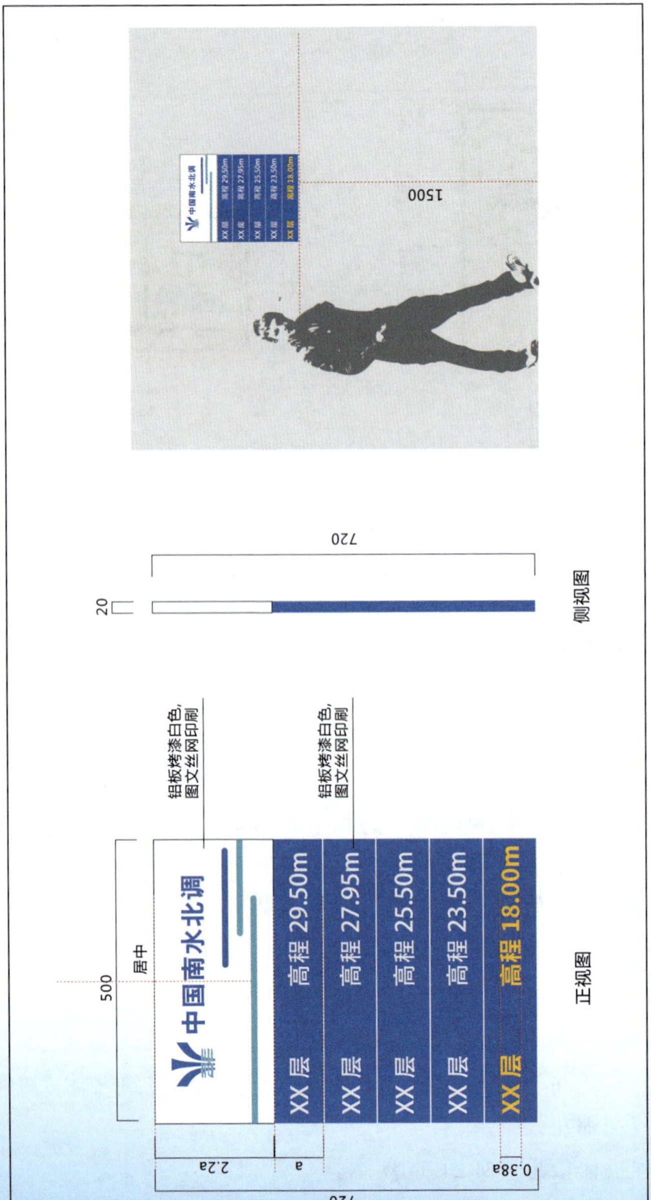
中国南水北调
XX 层 高程 29.50m
XX 层 高程 27.95m
XX 层 高程 25.50m
XX 层 高程 23.50m
XX 层 高程 18.00m
居中
500
2.2a
a
0.38a
720
铝板烤漆白色，图文丝网印刷
铝板烤漆白色，图文丝网印刷
正视图
20
720
侧视图
1500

图 36 厂房内高程标识

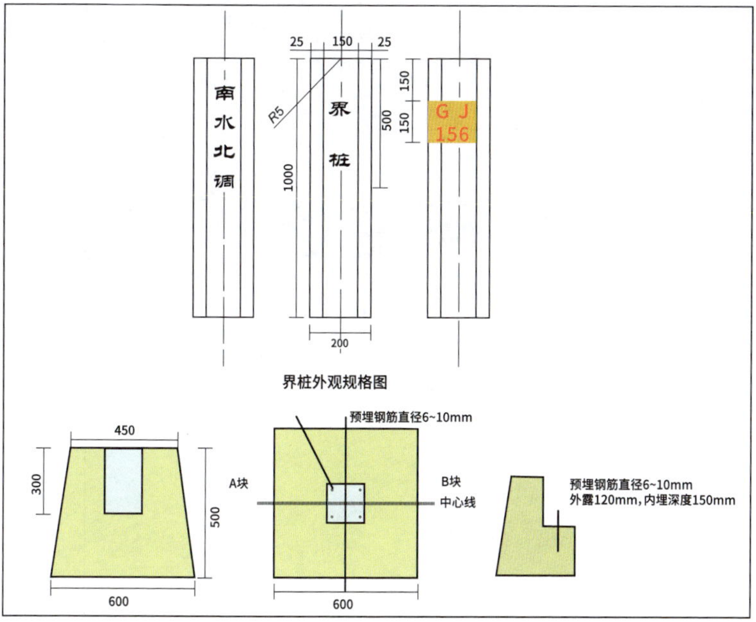

图 37 界桩标识

5.5.3 安全标志

5.5.3.1 颜色说明

将传递一定含义的安全信息赋予不同的属性颜色，其含义如下：

a）红色：用于传递禁止、停止、危险或提示消防设备、设施的信息。应用于各种禁止标志、交通禁令、消防设备标志，以及机械的停止按钮、阀刹车和停车装置的操作手柄、机器转动部件的防护部分（飞轮、齿轮、皮带轮等轮辐部分）等。

b）黄色：用于传递警告、注意的信息、警告人们注意的器件、设备及环境的信息。应用于各种警告标志、道路交通标志和标线、警戒标记，如危险机器和坑池周围的警戒线、各种飞轮及皮带轮防护的内壁、警告信号旗等。

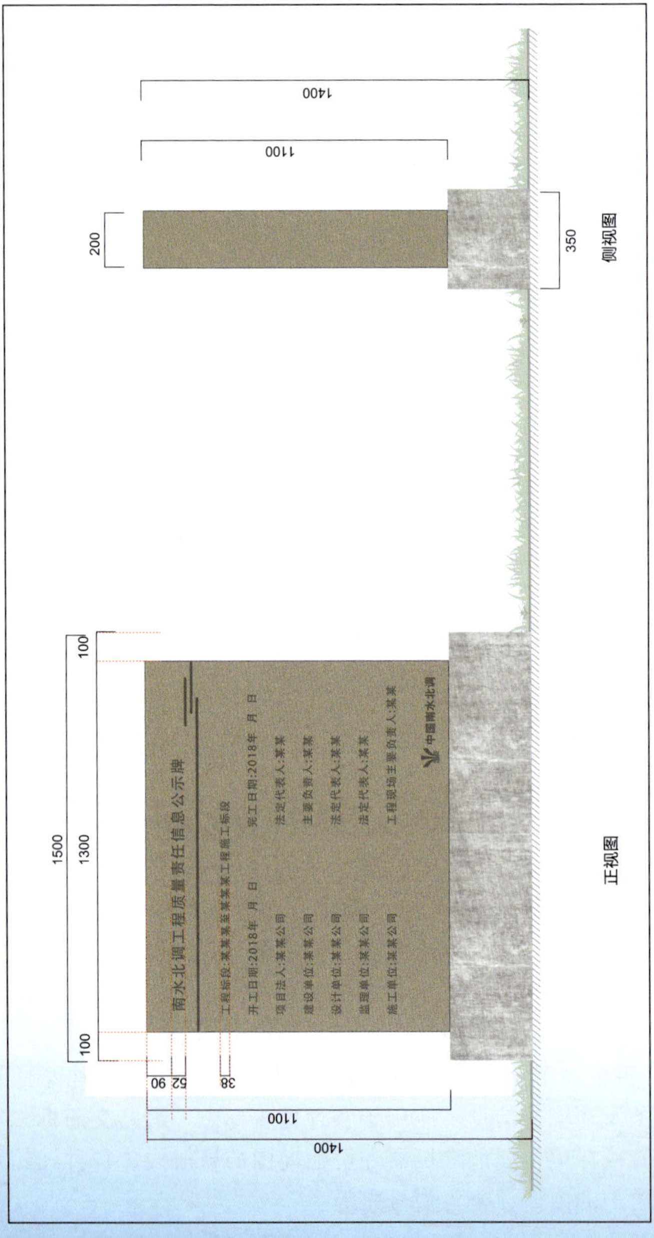
1400
1100
200
350
侧视图
南水北调工程质量责任信息公示牌
工程标段:某某某至某某某工程施工标段
开工日期:2018年 月 日
完工日期:2018年 月 日
项目法人:某某公司
法定代表人:某某
建设单位:某某公司
主要负责人:某某
设计单位:某某公司
法定代表人:某某
监理单位:某某公司
法定代表人:某某
施工单位:某某公司
工程现场主要负责人:某某
中国南水北调
1500
1300
100
100
90
52
38
1100
1400
正视图

图 38 工程责任信息牌

c）蓝色：用于传递必须遵守的规定性指令信息。应用于各种指令、交通指示标志等。

d）绿色：用于传递安全性的提示信息。应用于各种提示标志，车间厂房内的安全通道、行人和车辆的通行标志，急救站和救护站、消防疏散通等其他安全防护设备标志，机器启动按钮及安全信号旗等。

e）黑色：用于安全标志的文字、图形符号和警告标志的几何边框。

f）白色：用于安全标志红、蓝、绿的背景色，也可用于安全标志的文字和图形符号。

对比色是指使安全色更加醒目的反衬色，包括黑、白两种颜色。安全色与对比色同时使用时，应按规定搭配使用。安全色与对比色的相间条纹含义见表1。

表1 安全色与对比色的相间条纹含义

安全色	对比色	相间条纹类型	含义
红色	白色	红色与白色相间条纹	表示禁止或提示消防设备、设施位置的安全标识
蓝色	白色	蓝色与白色相间条纹	表示指令的安全标记，传递必须遵守规定的信息
黄色	黑色	黄色与黑色相间条纹	表示危险位置的安全标识
绿色	白色	绿色与白色相间条纹	表示安全环境的安全标记

5.5.3.2 警告标识

5.5.3.2.1 警告标识参数执行表2的规定。

表2 警告标识参数 单位：mm

规格	观察距离	A	B	B1	A2	A1
甲	$6300<L\leqslant10000$	500	400	305	115	213
乙	$4000<L\leqslant6300$	400	320	244	92	170
丙	$2500<L\leqslant4000$	300	240	183	69	128
丁	$0<L\leqslant2500$	200	160	122	46	85

5.5.3.2.2 警告标识的制图标准如图 39 所示。

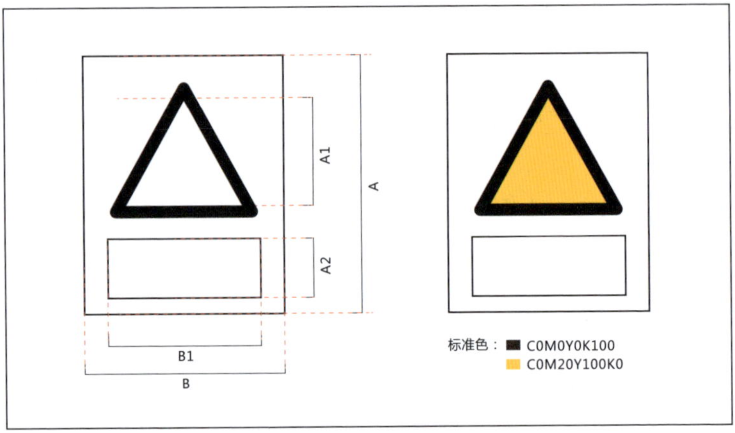

图 39　警告标识制图标准

5.5.3.2.3 警告标识设置范围和地点执行表 3 的规定。

表 3　警告标识设置范围和地点

序号	名　称	设置范围和地点
1	注意安全	检修现场、危险区域等易造成人员伤害的场所入口及设备设施上醒目位置
2	当心火灾	易发生火灾的危险场所醒目位置，如可燃性物质的储运、使用等地点
3	当心爆炸	易发生爆炸危险场所醒目位置，如易燃易爆物质的储运、使用或受压容器等地点
4	当心中毒	剧毒及有毒物质的储存和使用场所醒目位置
5	当心腐蚀	存放和装卸酸、碱等有腐蚀物品的场所及容器醒目位置，如蓄电池室、化学实验室等
6	当心触电	电源配电箱或可能发生触电危险的电气设备和线路构架上醒目位置
7	止步　高压危险	高压带电设备和高压试验工作地点围栏醒目位置
8	当心坑洞	具有坑洞、易造成人员伤害的地点醒目位置

续表

序号	名 称	设置范围和地点
9	当心坠落	高处作业搭建设计的排架栏杆上醒目位置 易发生坠落事故的井、坑、孔、洞、沟及临边围档和栏杆醒目位置，如临水栏杆处 门式启闭机行走平台、临时作业场所的吊装孔、升降口、楼梯、平台及步道临时遮栏上等
10	当心吊物	有吊装设备作业的场所入口醒目位置
11	当心落物	易发生落物的地点醒目位置，如吊物孔、高处作业、立体交叉作业的下方等
12	当心伤手	易造成手部伤害的作业地点醒目位置，如机械加工车间
13	当心机械绞伤	易发生机械卷人、轧压、碾压、剪切等机械伤害的作业地点醒目位置
14	当心车辆	厂内车、人混合行走的路段、道路的拐角处、平交路口，车辆出入比较多的厂房、车库出入口醒目位置
15	当心落水	落水后可能生产淹没的场所或部位醒目位置，如渠道、水库、前池等
16	当心扎脚	易造成脚步伤害的作业地点、尖角散料等部位醒目位置
17	当心滑跌	有冰、水、油等容易滑倒、跌倒部位醒目位置
18	当心碰头	高度不够，有碰头危险的场所醒目位置
19	当心绊倒	有绊倒危险地点、部位的醒目位置，如现场地面有临时障碍物体
20	注意通风	作业涵洞、电缆隧道、地下室入口、密闭工作场所入口、六氟化硫开关室、蓄电池室、油化验等需要通风的部位醒目位置
21	当心弧光	由于弧光造成眼部伤害的各种焊接作业场所醒目位置
22	当心电离辐射	电磁场辐射超标场所醒目位置
23	当心黑客	计算机室醒目位置
24	当心病毒	可外接存储设备的重要设备醒目位置

5.5.3.2.4 警告标识制作安装

规格：根据现场实际情况，按表 2 规定确定规格。

工艺：2 mm 厚铝板烤漆白色，图文信息丝网印刷或 PVC 材质，现场悬挂使用。

色值：C0M20Y100K0、C0M0Y0K100。

安装：粘贴安装。

警告标识如图 40 所示。

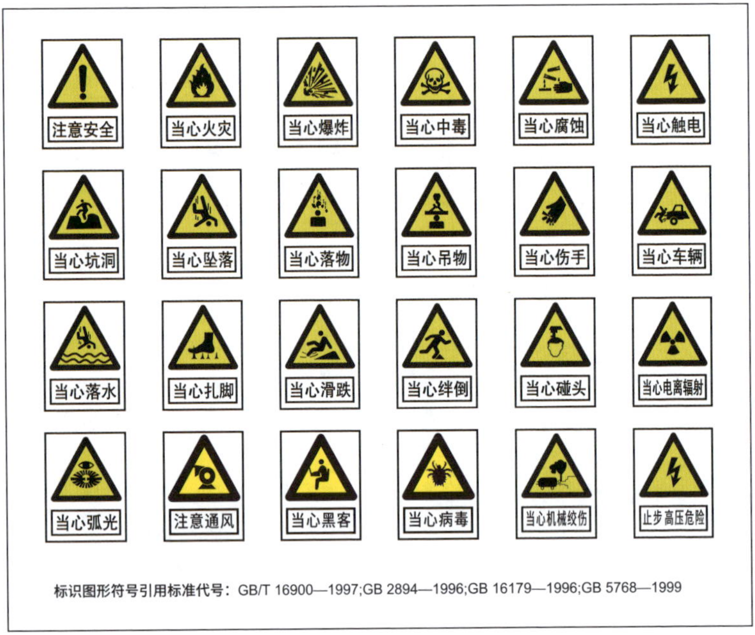

图 40 警告标识

5.5.3.3 禁止标识

5.5.3.3.1 禁止标识参数执行表 4 的规定。

5.5.3.3.2 禁止标识的制图标准如图 41 所示。

5.5.3.3.3 禁止标识设置范围和地点执行表 5 的规定。

表 4　　禁止标识参数　　单位：mm

规格	观察距离	A	B	A1	D（B1）	D1	C
甲	6300＜L≤10000	500	400	115	305	244	24
乙	4000＜L≤6300	400	320	92	244	195	19
丙	2500＜L≤4000	300	240	69	183	146	14
丁	0＜L≤2500	200	160	46	122	98	10

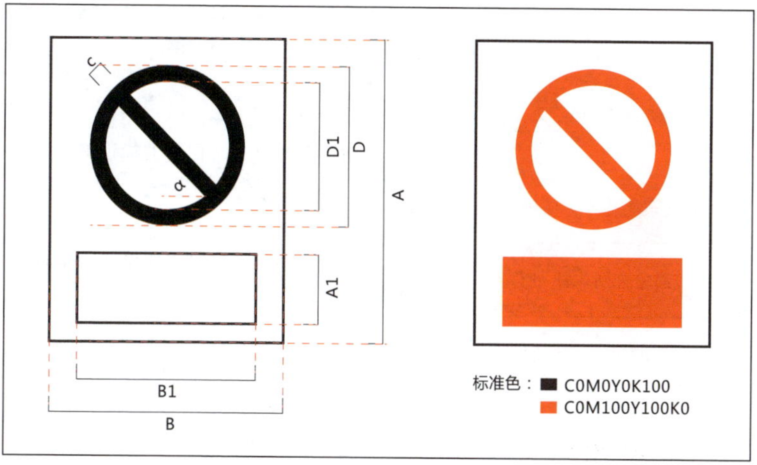

图 41　禁止标识的制图标准

表 5　　禁止标识设置范围和地点

序号	名　称	设置范围和地点
1	禁止烟火	油库、油处理室入口醒目位置 蓄电池室入口醒目位置 控制室、保护室、计算机房、档案室等入口和室内 电缆夹层等入口醒目位置 变压器室、柴油发电室等入口醒目位置 储存易燃、易爆物品仓库入口及四周外墙 其他存在火灾危险物质的场所醒目位置
2	禁带火种	油库大门旁或入口醒目位置 储存易燃、易爆物品仓库入口醒目外墙

续表

序号	名　称	设置范围和地点
3	禁止吸烟	火灾危险区域、生产区域、重要场所或禁止吸烟的公共区域入口醒目位置，如油库、档案室、厂房大门等
4	禁止用水灭火	不准用水灭火设备、物质所在场所的醒目位置
5	禁止合闸	一经合闸即送电到已停电检修（施工）设备的断路器、隔离开关的操作把手上 控制室内已经停电检修（施工）设备电源开关或合闸按钮上
6	禁止合闸　有人工作（文字标识）	当位置不足以悬挂带图形的标识牌时，可参考本标识制作文字标识牌，采用绝缘绳悬挂
7	禁止合闸　线路有人工作	已停电检修（施工）电力线路的断路器或隔离开关的操作把手上
8	禁止合闸　线路有人工作（文字标识）	当位置不足以悬挂带图形的标识牌时，可参考本标识制作文字标识牌，采用绝缘绳悬挂
9	禁止操作	除上述第5、7两项部位外的其他禁止操作设备的操作把手或按钮上
10	禁止操作（文字标识）	当位置不足以悬挂带图形的标识牌时，可参考本标识制作文字标识牌，采用绝缘绳悬挂禁止操作（文字标识）
11	禁止操作　有人工作	已停用、检修、隔离管道系统的阀门（挡板）操作手轮上 当位置不足以悬挂带图形标识牌时，参考第6项制作文字标识图
12	禁止操作	禁止进行操作的阀门（挡板）操作手轮上 当位置不足以悬挂带图形标识牌时，参考第10项制作文字标识图
13	禁止抛物	高空作业施工场所，如建筑物上施工部位、排架上、电线杆上等醒目位置大坝等栏杆处醒目位置

续表

序号	名　称	设置范围和地点
14	禁止穿带钉鞋	容易产生火花并会导致危害的作业场所醒目位置，如油库、危化品库房等
15	禁止拍照	根据需要设置在控制室等禁止拍照场所醒目位置
16	禁止攀登　高压危险	高压配、变电装置及构架的爬梯醒目位置 架空电力线路杆塔的爬梯醒目位置 其他带电设备的爬梯醒目位置
17	禁止攀登	禁止攀登的爬梯醒目位置（没有触电危险的地方但是禁止攀登的部位），如油罐构筑物或建筑物爬梯入口
18	未经许可　禁止入内	易造成事故或对人员有伤害的场所醒目位置 主厂房、开关站、控制室、计算机房等重要生产区域入口
19	禁止跨越	生产现场沟、坎、坑等危险区域醒目位置
20	禁止戴手套	车床、钻床、铣床、磨床等所有旋转机床附近醒目位置
21	禁止开启移动无线通信设备	保护室、通信室、油库等禁止开启无线通信设备的场所入口醒目位置
22	禁止停留	对人员具有直接危害的场所醒目位置，如起重机作业设备正下方、危险路口、桥口、泵闸站泄洪区的交通通道（廊道）出入口等
23	雷雨天气　禁止通行	户外开关站、出线构架的附近醒目位置
24	禁止通行	通行时有危险的作业区醒目位置，如起重、爆破现场、道路施工工地等
25	禁止触摸	禁止触摸的设备或物体附近醒目位置，如裸露的带电体，灼热物体，具有毒性、腐蚀性物体等
26	禁止启动	暂停使用的设备附近醒目位置
27	修理时禁止转动	检修或专人定时操作的转动设备附近醒目位置

续表

序号	名　称	设置范围和地点
28	禁止倚靠	不能倚靠的地点或部位醒目位置，如电梯轿厢门、临时构架或栏杆等
29	禁止靠近	不允许靠近的危险区域醒目位置，如高压试验区
30	禁止堆放	消防器材存放处、消防通道及生产区域主通道等醒目位置（已画禁止阻塞线的不再设置该标识牌）
31	禁止放易燃物	明火设备、高温的作业场所醒目位置，如动火区，各种焊接、切割、打磨、烘烤等场所
32	禁止爆破	电力设施周围500 m范围内可能爆破处醒目位置，易燃易爆物质场所等
33	禁止穿化纤服装	有静电火花会导致灾害或有灼热物质的作业场所醒目位置，如焊接、易燃易爆物质场所等
34	禁止放风筝	架空电力线路、导线两侧各300 m区域醒目位置
35	禁止游泳	水工建筑物前后300 m区域（如前池、引水渠、库区等）主要通道入口醒目位置
36	禁止钓鱼	水库、渠道等禁止钓鱼的区域醒目位置 架空电力线路穿越的荷塘醒目位置
37	禁止捕鱼	水工建筑物前后300 m区域（如前池、引水渠、库区等）主要通道入口醒目位置
38	禁止划船	渠道水库安全保护区内，禁止船只进去区域的醒目位置
39	禁止锁闭	紧急出口等禁止锁闭的通道醒目位置
40	禁止使用盗版软件	计算机室醒目位置

5.5.3.3.4 禁止标识制作安装

规格：根据现场实际情况，按表 4 规定确定规格。

工艺：2 mm 厚铝板烤漆白色，图文信息丝网印刷。

色值：C0M100Y100K0、C0M0Y0K100。

安装：粘贴安装。

禁止标识如图 42 所示。

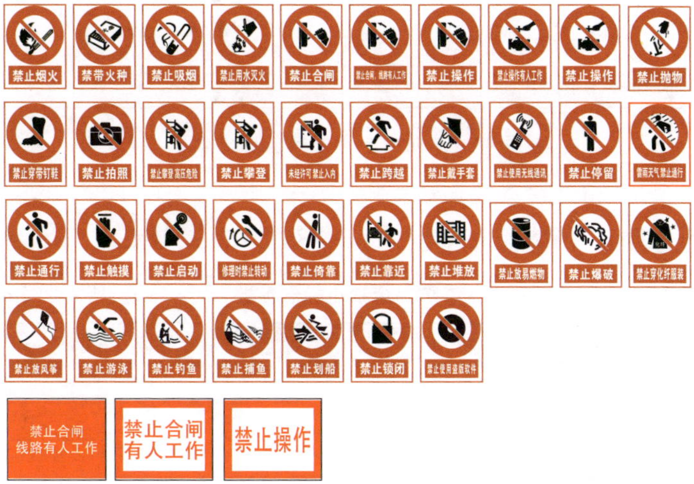

标识图形符号引用标准代号：GB/T 16900—1997;GB 2894—1996;GB 16179—1996;GB 5768—1999

图 42 禁止标识

5.5.3.4 消防安全警告标志

5.5.3.4.1 消防安全警示标志参数执行表 6 的规定。

表 6 消防安全警示标志参数 单位：mm

规格	观察距离	A1	C	r
甲	$6300<L\leqslant10000$	350	45	28
乙	$4000<L\leqslant6300$	220	28	18
丙	$2500<L\leqslant4000$	140	18	12
丁	$0<L\leqslant2500$	90	12	8

5.5.3.4.2 消防安全警告标志制图标准如图 43 所示。

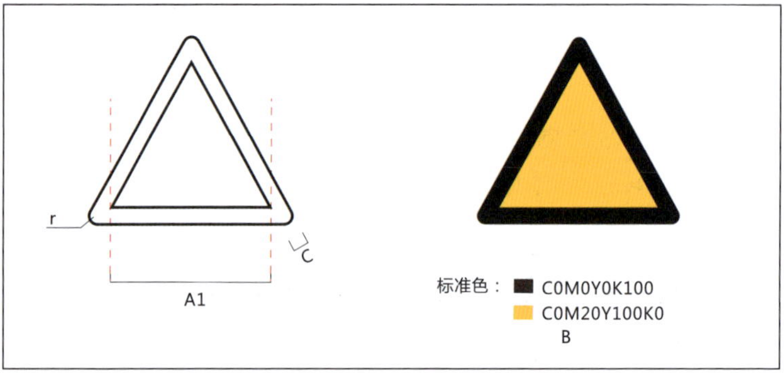

图 43 消防安全警告标志制图标准

5.5.3.5 消防安全禁止标志

5.5.3.5.1 消防安全禁止标志参数执行表 7 的规定。

表 7 消防安全禁止标志参数 单位：mm

规格	观察距离	d1	d2	c
甲	6300＜L≤10000	305	244	24
乙	4000＜L≤6300	244	195	19
丙	2500＜L≤4000	183	146	14
丁	0＜L≤2500	122	98	10

5.5.3.5.2 消防安全禁止标志制图标准如图 44 所示。

5.5.3.6 消防安全正方形标识

5.5.3.6.1 消防安全正方形标识参数执行表 8 的规定。

表 8 消防安全正方形标识参数 单位：mm

规格	观察距离	a
甲	10000＜L≤16000	400
乙	6300＜L≤10000	250
丙	4000＜L≤6300	160
丁	2500＜L≤4000	100
戊	0＜L≤2500	70

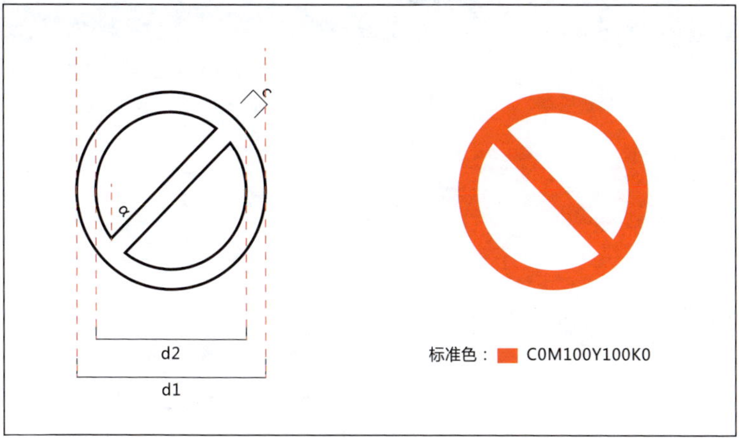

图 44 消防安全禁止标志制图标准

5.5.3.6.2 消防安全正方形标识制图标准如图 45 所示。

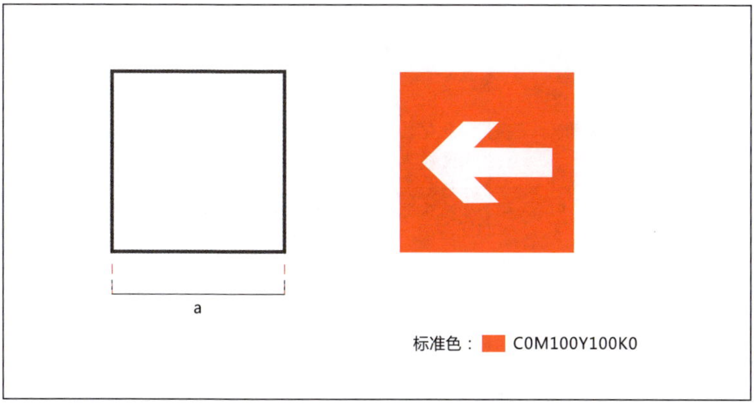

图 45 消防安全正方形标识制图标准

5.5.3.7 消防安全标识设置范围和地点

消防安全标识设置范围和地点执行表 9 的规定。

表 9　　消防安全标识设置范围和地点

序号	标识名称	设置范围和地点
1	禁止吸烟	火灾危险区域、生产区域、重要场所或禁止吸烟公共区域入口醒目位置，如油库档案室、厂房大门等
2	禁止烟火	油库、油处理室入口醒目位置 蓄电池室入口醒目位置 控制室、保护室、计算机房、档案室等入口和室内 电缆夹层、隧道竖井等入口醒目位置 变压器室、柴油发电机室等入口醒目位置 储存易燃、易爆物品仓库入口及四周外墙壁上醒目位置 其他存在火灾危险物质的场所醒目位置
3	禁带火种	发电厂（站）油库大门旁或入口醒目位置 储存易燃、易爆物品仓库入口醒目位置
4	禁止用水灭火	不准用水灭火设备、物质所在场所醒目位置
5	禁止放易燃物	明火设备、高温的作业场所、如动火区各种焊接、切割、打磨、烘烤等场所位置
6	禁止放鞭炮	发电厂（站）油库大门旁或入口醒目位置 储存易燃、易爆物品仓库或其他指定禁止燃放鞭炮区域入口醒目位置
7	禁止堆放	消防器材存放处、消防通道及生产区域主通道醒目位置
8	禁止锁闭	紧急出口等禁止锁闭的门上醒目位置
9	当心火灾	易发生火灾的危险场所醒目位置，如可燃性物质的储运、使用等地点
10	当心爆炸	易发生爆炸危险的场所醒目位置，如易燃易爆物质的储运、使用或受压容器等地点
11	紧急出口	生产区域安全通道两侧及拐弯处墙面醒目位置 生产区域安全通道口的正上方或通道两侧及拐弯处墙面醒目位置

续表

序号	标识名称	设置范围和地点
12	贴地疏散通道	生产区域安全通道地面醒目位置
13	疏散通道中单向门推开	紧急出口或疏散通道中单向门推方向侧醒目位置
14	疏散通道中单向门拉开	紧急出口或疏散通道中单向门拉方向侧醒目位置
15	击碎板面	需要击碎玻璃板才能拿到钥匙或开门工具的地方，或是疏散中需要打开板面才能制作一个出口的地方
16	地上消防栓组合	地上消防栓附近醒目位置
17	地下消防栓组合	地下消防栓附近醒目位置
18	消防水带组合	消防水带、软管卷盘等消防设施附近醒目位置
19	灭火器组合	灭火器、灭火器箱的正上方醒目位置
20	灭火设备或报警装置方向指示	需要指示灭火设备或报警装置的醒目位置
21	消防手动启动器	火灾报警系统或固定灭火系统手动启动器附近醒目位置
22	火灾发声警报器	火灾发声警报器附近醒目位置
23	火警电话	火灾报警电话附近醒目位置
24	防火重点部位	防火重点部位区域入口醒目位置
25	消防自动喷淋设施	消防自动喷淋设施附近醒目位置
26	消防卷帘门	消防卷帘门旁醒目位置
27	消防栓使用方法	消防栓箱体表面醒目位置
28	灭火器使用方法	灭火器箱体表面醒目位置
29	灭火器箱	灭火器箱体醒目位置
30	消火栓箱	消防栓箱柜门本体
31	消防沙箱	消防沙箱本体
32	消防锹、消防桶	消防锹、消防桶存放处醒目位置

5.5.3.8 消防标识（方案一）

规格：根据现场实际情况，按图和表 10 确定。

工艺：1 mm 厚铝板烤漆，图文信息丝网印刷。

地贴材质：车贴覆亚膜/高精度斜纹地贴。

色值：C100M0Y100K0、C0M100Y100K0、C0M20Y100K0。

安装：粘贴安装。

消防标识（方案一）及制图标准如图 46 和图 47 所示。

表 10　　消防标识参数　　单位：mm

规格	观察距离	A1	C	r
甲	6300＜L≤10000	350	45	28
乙	4000＜L≤6300	220	28	18
丙	2500＜L≤4000	140	18	12
丁	0＜L≤2500	90	12	8

图 46　消防标识（方案一）

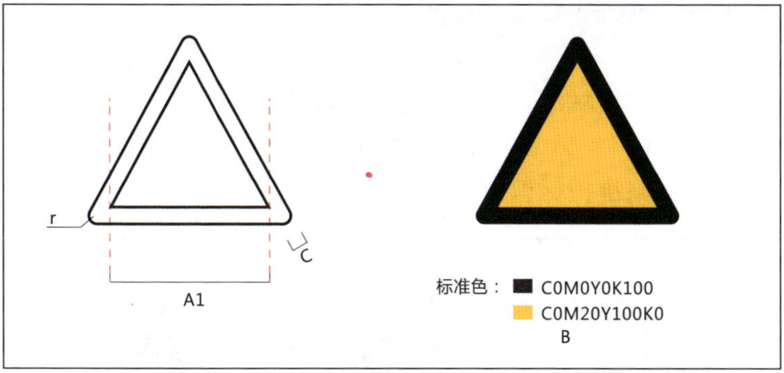

图 47 消防标识制图标准

5.5.3.9 消防标识（方案二）

规格：根据实际需求按比例调整尺寸。

工艺：根据实际情况。

色值：C100M0Y100K0、C0M100Y100K0、C0M20Y100K0。

安装：粘贴安装。

消防标识（方案二）如图 48 所示。

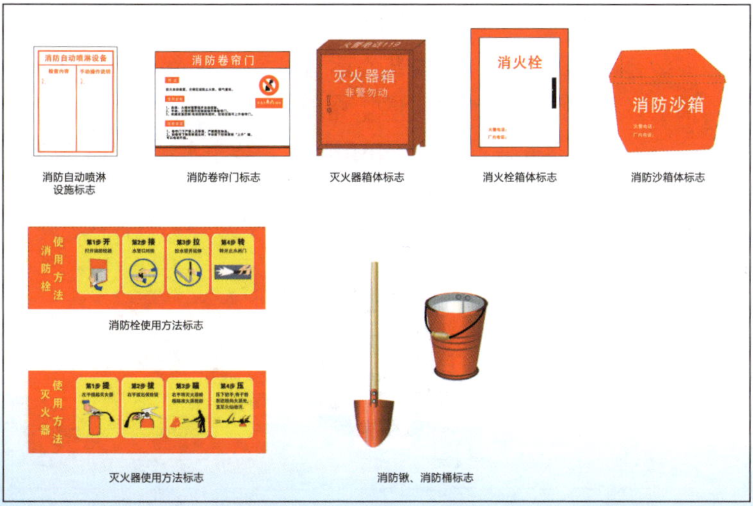

图 48 消防标识（方案二）

5.5.3.10 电力线路维护标识

规格：600 mm×600 mm。

工艺：铝板材质，图文信息丝网印刷。

色值：C0M0Y0K0、C0M0Y0K100、C0M100Y100K0。

电力线路维护标识如图 49 所示。

图 49 电力线路维护标识

5.5.3.11 相位标识

规格：200 mm×200 mm。

工艺：铝板材质，图文信息丝网印刷。

色值：C0M100Y100K0、C0M20Y100K0、C100M0Y100K0。

安装：两个边相相位牌安装在耐张拉塔，两个边相横坦的水平角钢上，挂设位置为距离铁塔主角钢 400 mm 处，中相相位牌安装于水平角钢靠近挂点位置，相位牌均安装于水流方向上游侧。

相位标识如图 50 所示。

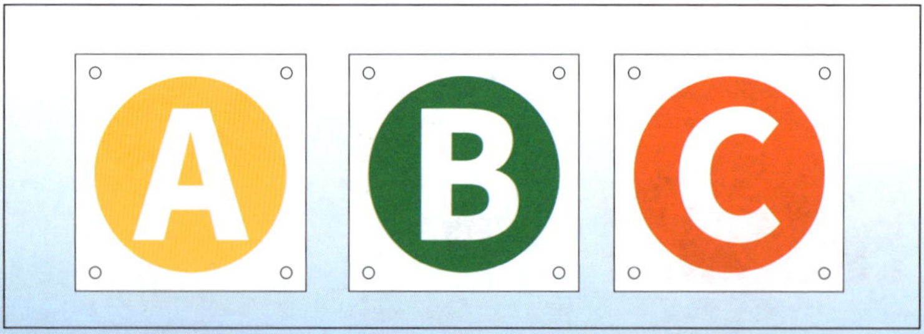

图 50 相位标识

5.5.3.12 指令标识

5.5.3.12.1 指令标识参数执行表11的规定。

表11 指令标识参数 单位：mm

规格	观察距离	A	B	A1	D（B1）
甲	$6300<L\leqslant10000$	500	400	115	305
乙	$4000<L\leqslant6300$	400	320	92	244
丙	$2500<L\leqslant4000$	300	240	69	183
丁	$0<L\leqslant2500$	200	160	46	122

5.5.3.12.2 指令标识制图标准如图51所示。

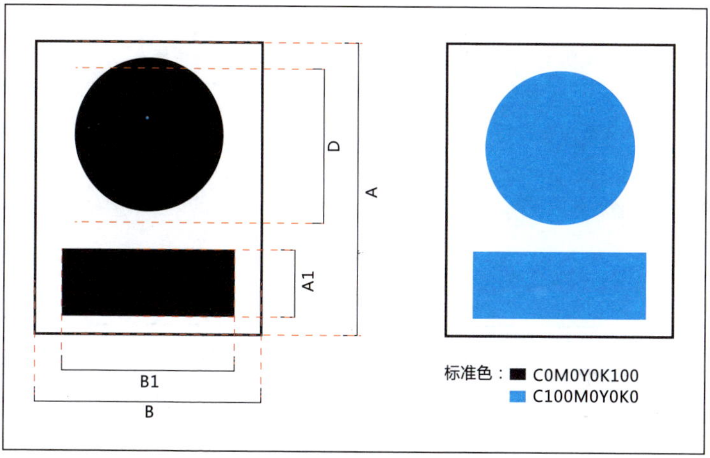

图51 指令标识制图标准

5.5.3.12.3 指令标识设置范围和地点执行表12的规定。

表12 指令标识设置范围和地点

序号	名 称	设置范围和地点
1	必须戴安全帽	进入施工现场必须戴安全帽，在主要通道入口醒目位置，生产场所安全宣传醒目位置
2	必须系安全带	可能发生坠落危险的作业场所醒目位置

续表

序号	名　称	设置范围和地点
3	必须戴防护帽	易造成人体缠绕伤害或有粉尘污染头部的作业场所的醒目位置，如机加工车间
4	必须加锁	剧毒品、危险品库房或重要设备设施等入口醒目位置
5	必须戴防护手套	易伤害手部的作业场所醒目位置，如具有腐蚀、污染、灼烫、冻伤及触电等危险作业地点
6	必须穿救生衣	易发生溺水的作业场所，如船舶、水上工程结构物等
7	必须戴防尘口罩	有粉尘危害的作业场所醒目位置
8	必须戴防毒面具	具有对人体有害的气体、烟尘等作业场所醒目位置
9	必须戴护耳器	水泵层、空压机等噪声超过 85 dB 的区域醒目位置
10	必须穿防护鞋	易伤害脚部的作业场所醒目位置，如具有腐蚀、灼伤、触电、砸（刺）伤等危险作业地点

5.5.3.12.4 指令标识制作安装

规格：根据现场实际情况，按表 11 确定的规格。

工艺：PVC 材质或 2 mm 厚铝板烤漆白色，图文信息丝网印刷。

色值：C75M25Y0K0。

安装：PVC 挂装，铝板粘贴安装。

指令标识如图 52 所示。

5.5.3.13 提示标识

5.5.3.13.1 提示标识参数执行表 13 的规定。

5.5.3.13.2 提示标识制图标准如图 53 所示。

5.5.3.13.3 提示标识设置范围和地点执行表 14 的规定。

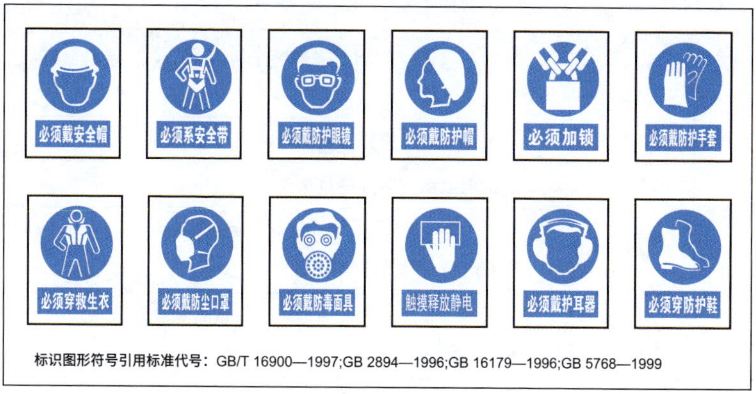

图 52 指令标识

表 13 提示标识参数 单位：mm

规格	观察距离	A	D
甲	$6300<L\leqslant10000$	250	200
乙	$4000<L\leqslant6300$	160	128
丙	$2500<L\leqslant4000$	100	80
丁	$0<L\leqslant2500$	70	56

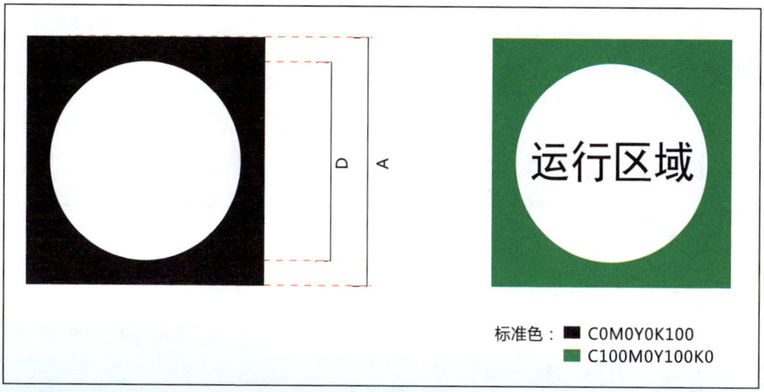

图 53 提示标识制图标准

表 14　　提示标识设置范围和地点

序号	名　称	设置范围和地点
1	从此上下	现场工作人员可以上下的铁（构）架、爬梯醒目位置
2	在此工作	工作地点或检修设备醒目位置
3	在此取水	指定取水点附近醒目位置
4	从此进出	生产现场特别指定的进出口醒目位置，如设备检修时的临时防护遮拦入口
5	进出请登记	受限空间入口或重要场所入口醒目位置，如压力钢管、蜗壳、进人口等
6	污水排放口	生产场所污水排放口醒目位置
7	噪声排放源	生产场所噪声排放源醒目位置
8	固体废物	生产场所堆放噪声排放源醒目位置
9	液体废物	生产场所堆放液体废物的醒目位置
10	检修区域	与运行区域相邻的检修区域隔离设施醒目位置
11	运行区域	与检修区域相邻的运行区域隔离设施醒目位置
12	安全距离	根据不同电压等级标示出人体与带电体最小安全距离，设置在设备区入口醒目位置
13	重点监控区域	生产区域重点监视部位、场所醒目位置
14	紧急洗眼液	紧急洗眼液存放处醒目位置
15	紧急喷淋装置	酸、碱等腐蚀性场所的喷淋装置旁醒目位置
16	急救药箱	急救药箱或医疗设备存放醒目位置
17	急救担架	救护担架存放醒目位置

5.5.3.13.4　提示标识制作安装

规格：根据现场实际情况，按表 12 确定规格。

工艺：2 mm 厚铝板烤漆白色，图文信息丝网印刷。

色值：C100M0Y100K0。

安装：粘贴安装。

提示标识如图 54 所示。

图 54 提示标识

5.5.3.14 设备间安全警告标识

规格：200 mm×150 mm。

工艺：2 mm 铝板烤漆黄色，黑色即时贴。

色值：C0M20Y100K0。

安装：粘贴安装。

设备间安全警告标识如图 55 所示。

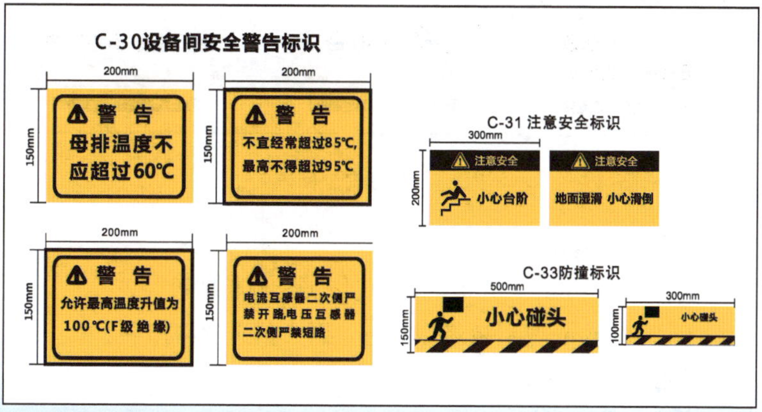

图 55 设备间安全警告标识

5.5.3.15 注意安全标识

规格：300 mm×200 mm。

工艺：1 mm 厚铝板烤漆面板（黄色），图文信息为反光贴；当粘贴于地面时，材质车贴覆亚膜/高精度斜纹地贴。

色值：C0M20Y100K0。

安装：粘贴安装。

注意安全标识如图 56 所示。

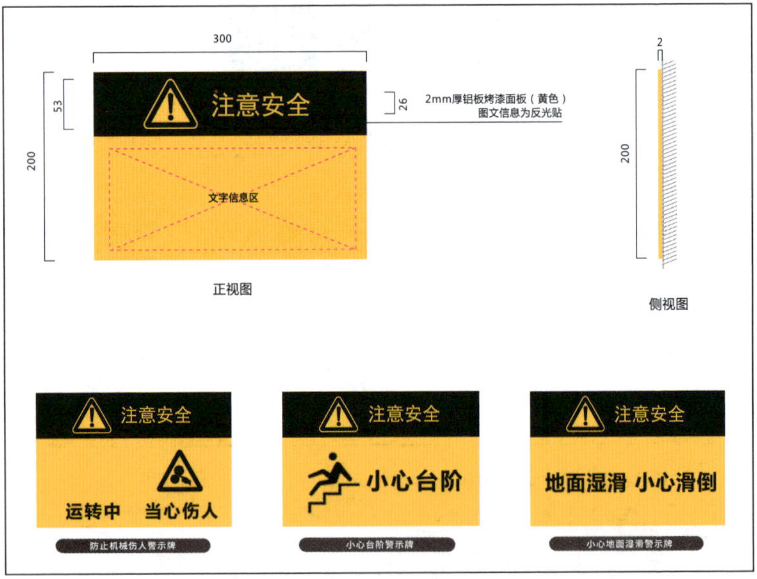

图 56 注意安全标识

5.5.3.16 防撞标识

规格：500 mm×150 mm，现场实际调整即可。

工艺：2 mm 厚铝板烤漆黄色，图文信息丝网印刷。

色值：C0M20Y100K0。

安装：粘贴安装。

防撞标识如图 57 所示。

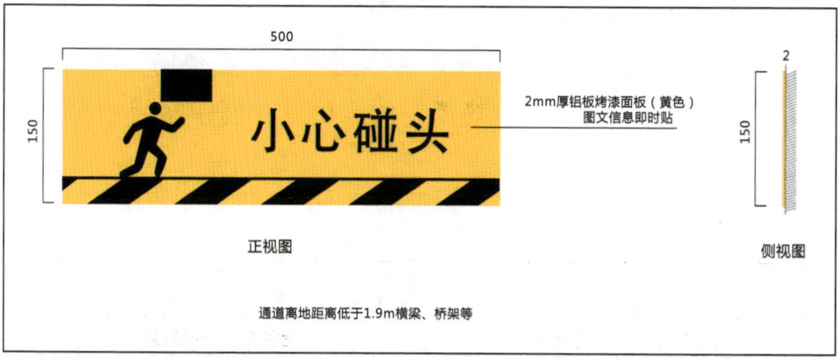

图 57 防撞标识

5.5.3.17 工作场所职业病危害警示标识

规格：950 mm×600 mm/600 mm×950 mm，具体图例可根据现场实际调整。

工艺：2 mm 厚不锈钢烤漆，图文信息丝网印刷。

安装：粘贴安装。

工作场所职业病危害警示标识如图 58 所示。

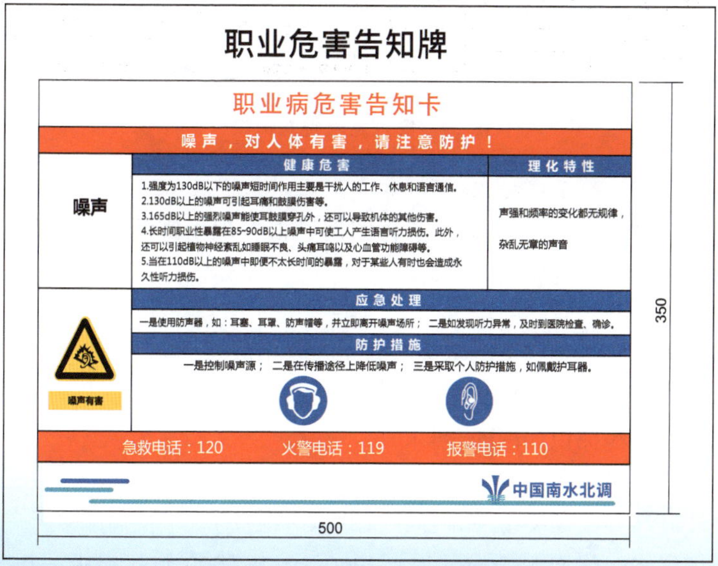

图 58 工作场所职业病危害警示标识

5.5.3.18 安全风险告知标识

规格：900 mm×600 mm，具体图例可根据现场实际调整。

工艺：2 mm 厚不锈钢烤漆，图文信息丝网印刷。

安装：粘贴安装。

安全风险告知标识如图 59 所示。

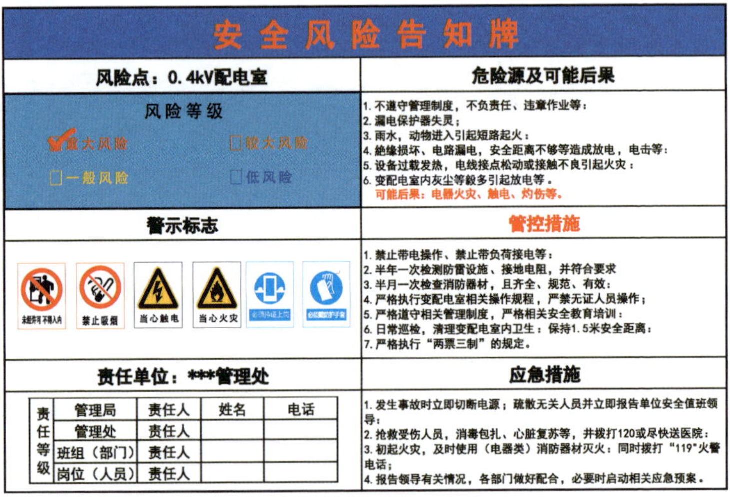

图 59 安全风险告知标识

5.5.3.19 警示线标识

规格：H=100 mm，具体图例可根据现场实际调整（H 表示警示线标识宽度）。

工艺：车身贴喷绘。

色值：C0M20Y100K0、C0M0Y0K100。

安装：粘贴安装。

警示线标识如图 60 所示。

注：警示线与盘柜的距离为 800 mm。

5.5.3.20 渠道安全警示标语标识（方案一）

规格：牌面为 3 mm 厚、1000 mm×2000 mm 铝板，正反

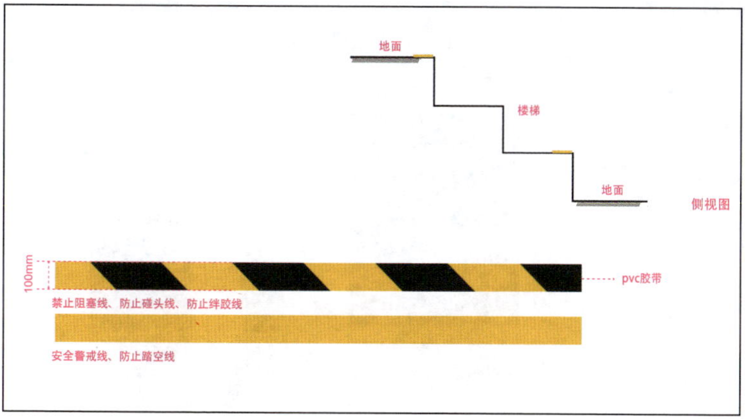

图 60 警示线标识

面各一块，背面为原色，固定于公示牌框架结构上。

牌面骨架立柱为 150 mm×100 mm×3 mm×2000 mm（长×宽×厚×高），304 不锈钢管。

横纵梁支柱为 60 mm×3 mm，304 不锈钢钢管。

立柱顶盖为 150 mm×100 mm×3 mm（长×宽×厚）。

底座法兰为 260 mm×260 mm×10 mm。

预埋件规格为对角 260 mm×260 mm×500 mm（长×宽×高）。

地脚螺栓为 16 mm；基础尺寸为 500 mm × 500 mm × 600 mm。

工艺：牌面喷涂色为深蓝色、白色；图文贴白色、红色、黑色进口 3MⅠ类反光膜；基础为 C25 混凝土；浇筑完成后用砂浆收边找平。

色值：C60M5Y25K0、C80M55Y5K0。

安装：警示牌整体加工完成并做好包装保护后，再运往指定地点进行安装。

渠道安全警示标语标识（方案一）如图 61 所示。

5.5.3.21 渠道安全警示标语标识（方案二）

规格：根据现场实际情况而定。

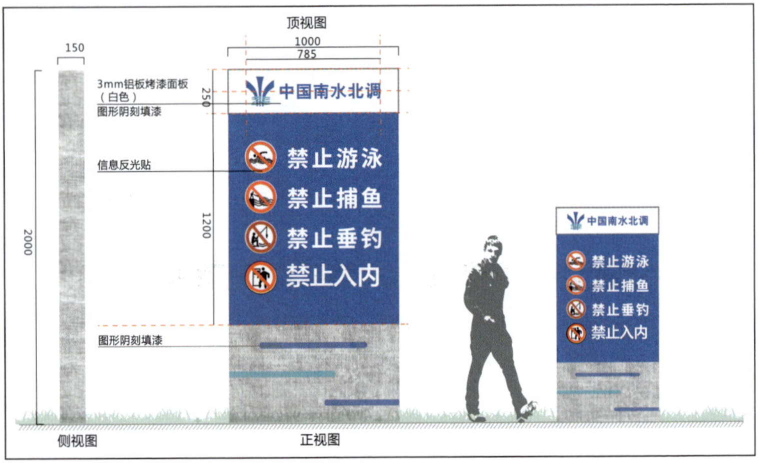

图 61　渠道安全警示标语标识（方案一）

工艺：800 mm×1200 mm 瓷砖漆粘贴立体字（四块 400 mm×600 mm 拼接）。

色值：C0M100Y100K0。

安装：粘贴安装。

渠道安全警示标语标识（方案二）如图 62 所示。

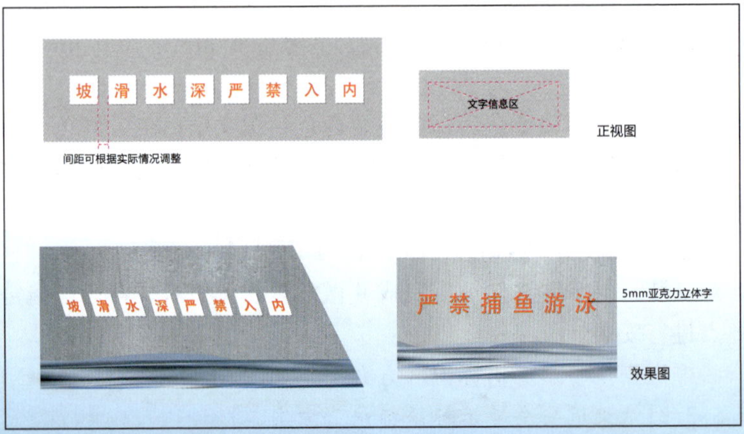

图 62　渠道安全警示标语标识（方案二）

5.5.3.22 挡鼠板警示标识

规格：高 400 mm，宽度根据现状门口宽度设置。

工艺：0.8 mm 厚 304 不锈钢内衬强磁式卡槽＋UV 晶格反光贴工艺。

色值：C0M20Y100K0。

安装：卡槽抽拉式安装。

挡鼠板警示标识如图 63 所示。

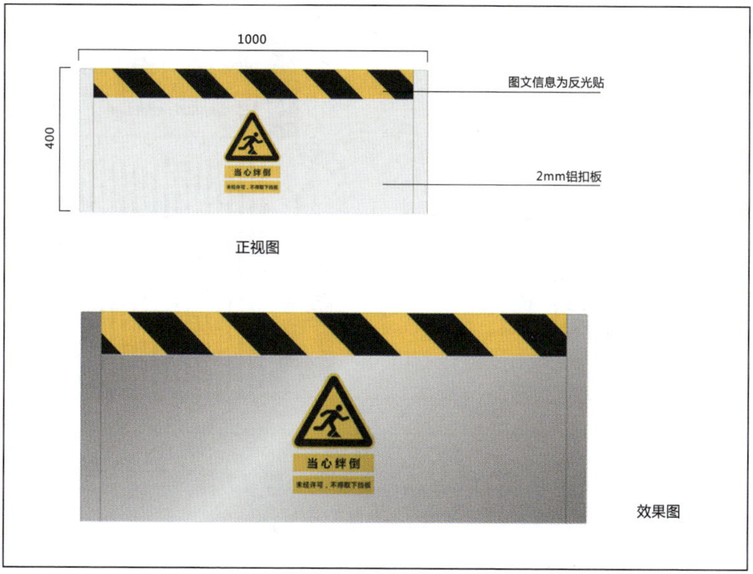

图 63 挡鼠板警示标识

5.5.3.23 生产区域入口安全警示牌（方案一）

规格：2000 mm×1000 mm×80 mm。

工艺：3 mm 厚铝板烤漆面板切割焊接，信息反光贴，底部图案阴刻填漆。

色值：C0M20Y100K0、C0M100Y100K0、C60M5Y25K0、C80M55Y5K0。

安装：膨胀螺栓与预埋固定安装；规格：800 mm×400

mm×20 mm。

工艺：铝板切割焊接，抱箍安装在栅栏上，内容平板喷绘。

色值：C0M20Y100K0、C0M100Y100K0、C60M5Y25K0、C80M55Y5K0。

安装：背后用抱箍固定安装。

生产区域入口安全警示牌（方案一）如图 64 所示。

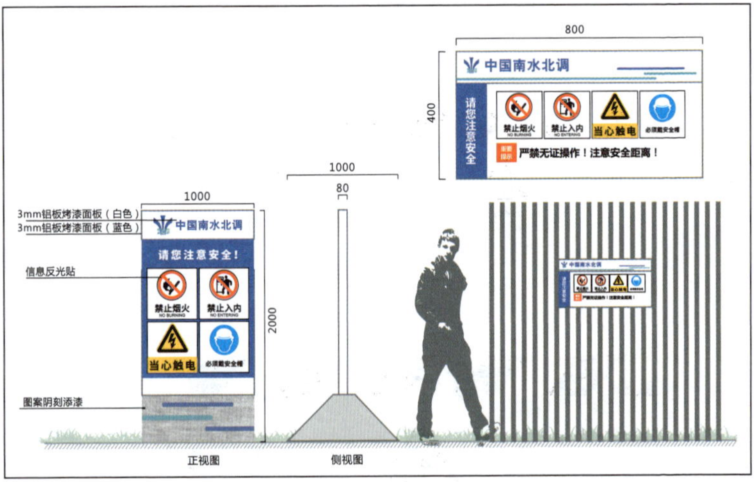

图 64　生产区域入口安全警示牌（方案一）

5.5.3.24　生产区域入口安全警示牌（方案二）

规格：1800 mm×500 mm×100 mm，顶至地面高度 1950 mm。

工艺：1.2 mm 厚 304 不锈钢烤漆，图文信息丝网印刷，支柱 100 mm×100 mm，壁厚 2.5 mm 不锈钢方管烤漆。

色值：C60M5Y25K0、C80M55Y5K0。

安装：膨胀螺栓与预埋固定安装，6 mm 厚钢板加强筋，12 mm 厚钢板底座，尺寸 400 mm × 400 mm，埋入地下 150 mm。

规格：1300 mm×1000 mm×100 mm。

工艺：1.2 mm 厚 304 不锈钢烤漆，图案信息丝网印刷。

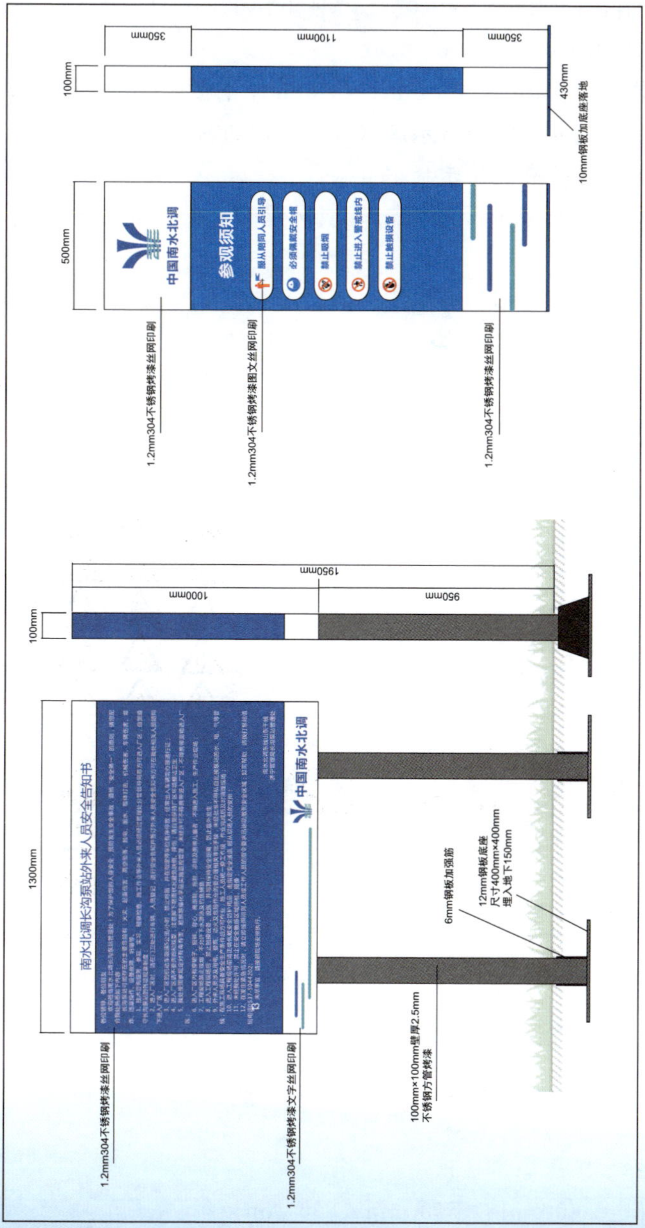

图 65　生产区域入口安全警示牌（方案二）

色值：C0M20Y100K0、C0M100Y100K0、C60M5Y25K0、C80M55Y5K0。

安装：430 mm×500 mm，10 mm 厚钢板加底座落地。

生产区域入口安全警示牌（方案一）如图 65 所示。

5.5.3.25 道路交通警示标识

规格：3000 mm×600 mm，具体内容和尺寸可根据现场内容定。

工艺：铝板刨槽折弯烤漆，面贴反光膜。

色值：C0M20Y100K0、C0M100Y100K0。

多个标示组合时，由 2400 mm 位置往上加。

道路交通警示标识如图 66 所示。

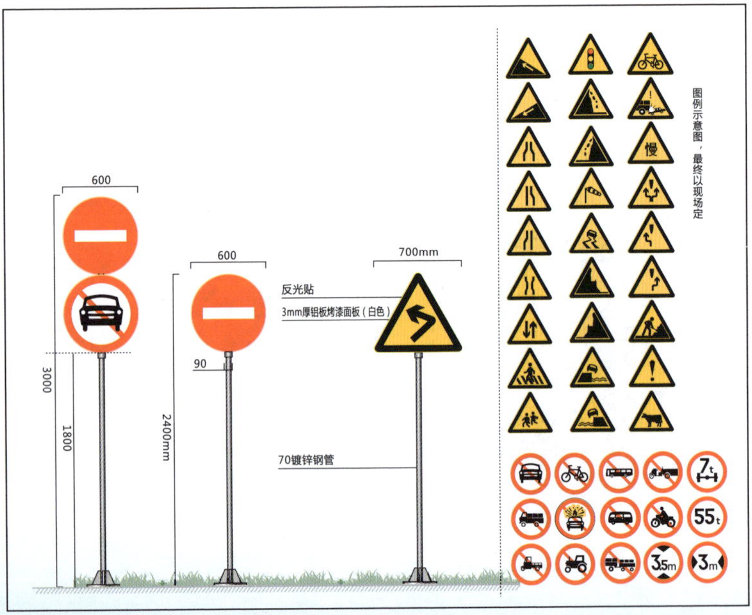

图 66 道路交通警示标识

5.5.3.26 限速警示标识

规格：2400 mm×500 mm×260 mm。

工艺：底部镀锌钢管，铝板刨槽折弯，表面贴白色反光贴，信息内容反光贴膜雕刻粘贴。

色值：C80M55Y5K0、C0M100Y100K0。

限速警示标识如图 67 所示。

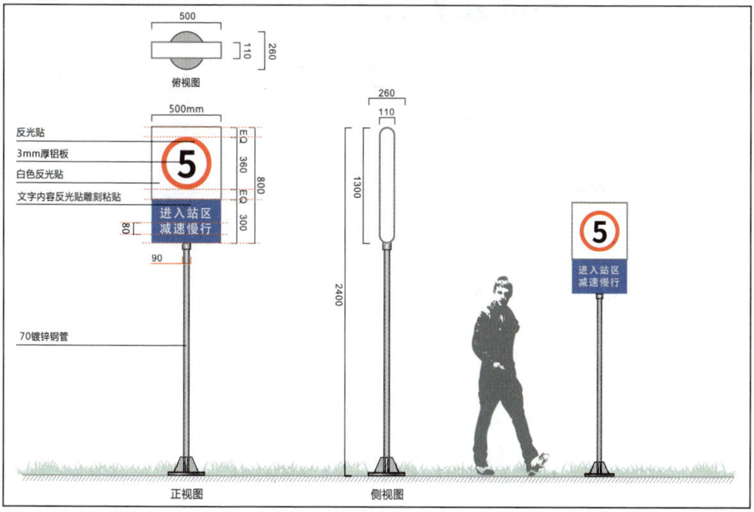

图 67　限速警示标识

5.5.3.27　行车吨位标识

规格：600 mm×600 mm。

工艺：2 mm 厚铝板，表面贴白色反光贴，信息内容反光贴膜雕刻粘贴。

色值：标准红色反光膜，黑色即时贴。

安装：打孔后用螺栓固定安装。

行车吨位标识如图 68 所示。

5.5.4　管理信息、技术信息、生产信息标识

5.5.4.1　设备间工作环境标识

规格：200 mm×150 mm×1.2 mm。

工艺：2 mm 厚铝板烤漆，图文信息丝网印刷。

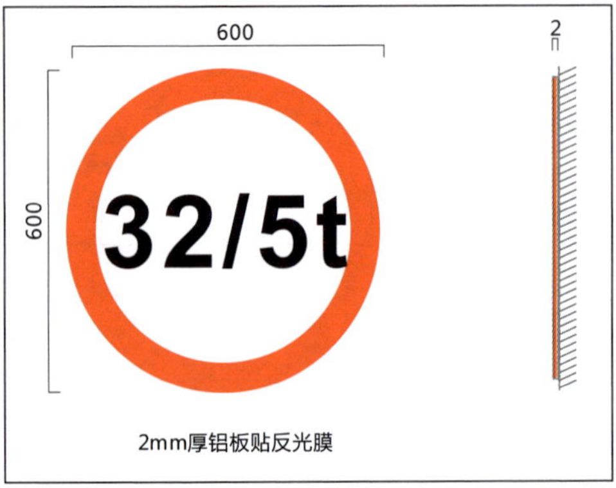

图 68　行车吨位标识

色值：C80M55Y5K0。

安装：粘贴安装。

设备间工作环境标识如图 69 所示。

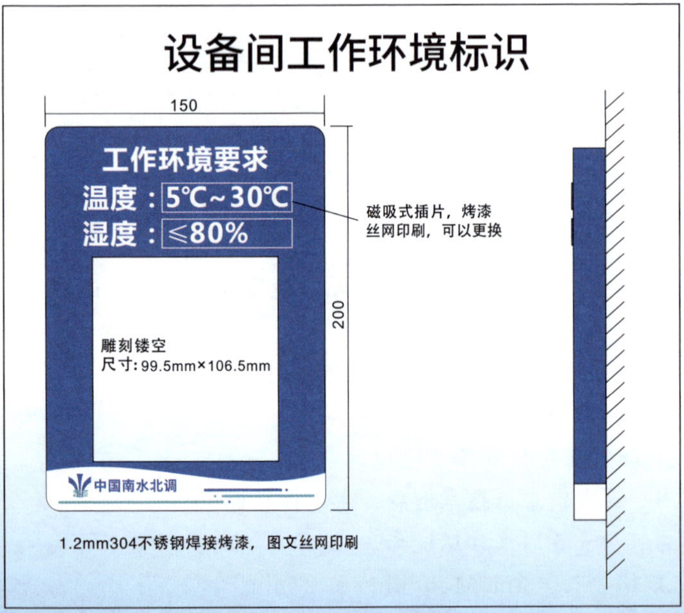

图 69　设备间工作环境标识

5.5.4.2 消防器材管理卡

规格：160 mm×100 mm。

工艺：相片纸，带磁铁的名片夹；3 mm 亚克力背嵌强磁。

色值：C80M55Y5K0。

安装：粘贴安装。

消防器材管理卡如图 70 所示。

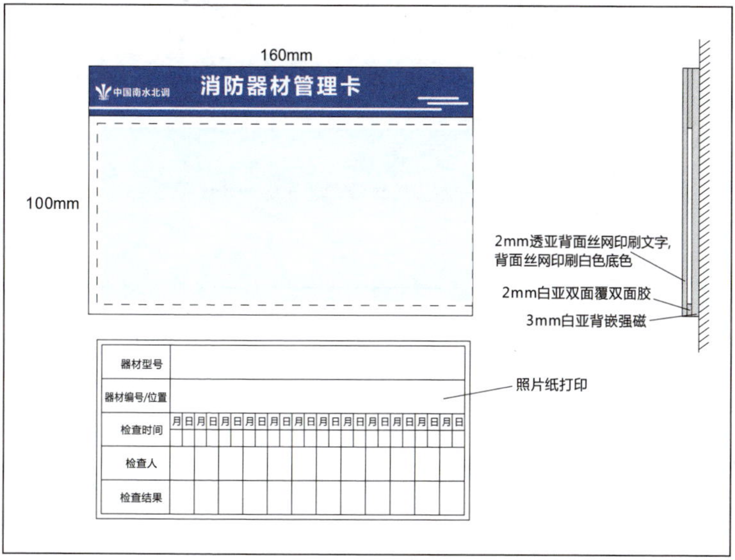

图 70 消防器材管理卡

5.5.4.3 旋转方向标识

规格：参照附图标注，根据阀门的不同大小可适当调整比例。

工艺：1 mm 厚铝板烤漆，图文信息丝网印刷。

色值：C80M55Y5K0。

安装：粘贴安装。

旋转方向标识如图 71 所示。

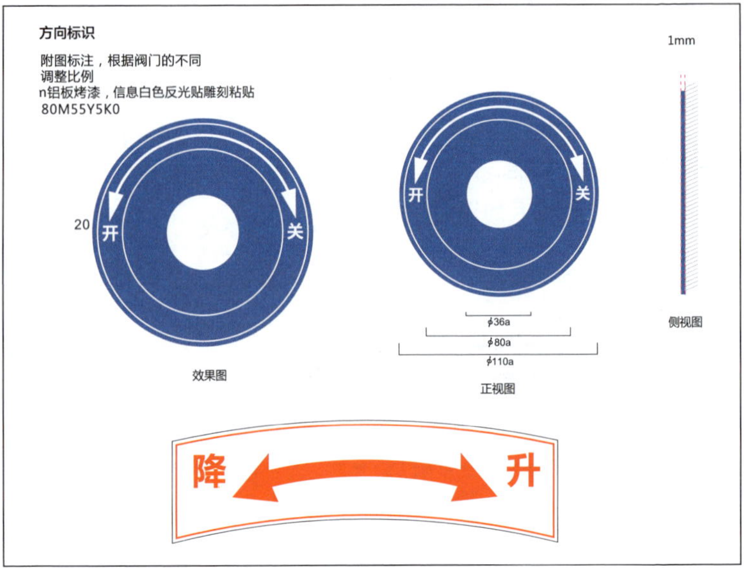

图 71　旋转方向标识

5.5.4.4　电机旋转标识

规格：150 mm×30 mm。

工艺：红色不干胶贴。

色值：C0M100Y100K0

安装：粘贴安装。

电机旋转标识如图 72 所示。

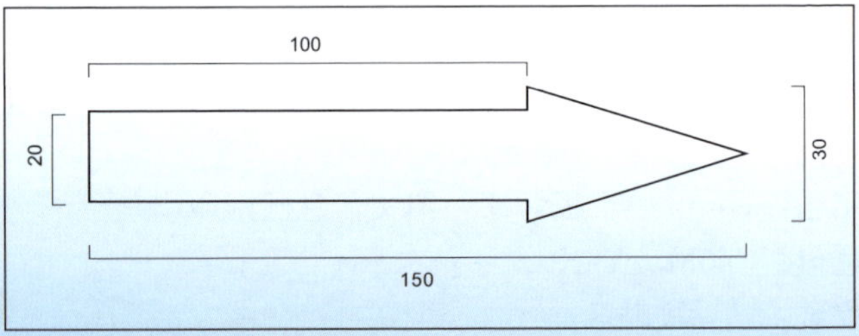

图 72　电机旋转标识

5.5.4.5 提示标识

规格：300 mm×400 mm。

工艺：PVC 或 2 mm 厚铝板烤漆。

色值：C80M55Y5K0。

安装：粘贴安装，宽度与柜宽相同。

提示标识如图 73 所示。

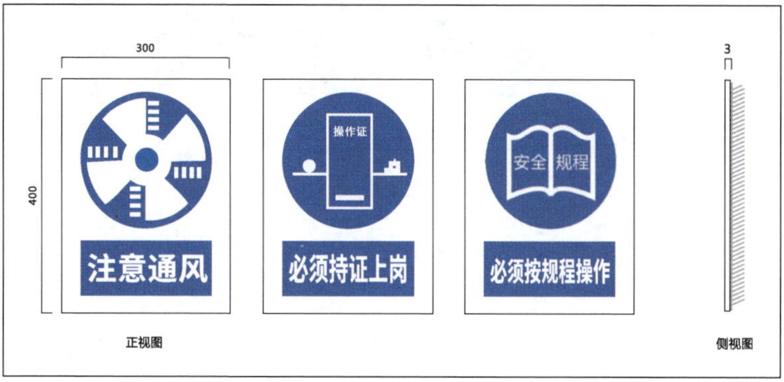

图 73 提示标识

5.5.4.6 设备编号标识

规格：60 mm×60 mm/50 mm×50 mm/40 mm×40 mm，可根据现场设备情况适当放大比例。

工艺：2 mm 厚亚克力/铝板烤漆，图文信息丝网印刷。

色值：C80M55Y5K0、C0M100Y100K0。

安装：粘贴安装，宽度与柜宽相同。

设备编号标识如图 74 所示。

5.5.4.7 管道及示流方向标识

规格：200 mm×40 mm，可根据现场设备情况适当放大比例。

工艺：3M 反光不干胶写真贴膜。

色值：见表 15。

安装：粘贴安装。

管道及示流方向标识如图 75 所示。

图 74　设备编号标识

表 15　管道色值标识

管道名称	颜色	色　值	色块
消防管	橙红色	C0M80Y100K0	
供油管	红色	C0M100Y100K0	
排油管	黄色	C0M0Y100K0	
供气管	白色	C0M0Y0K0	
供水管	蓝色	C100M0Y0K0	
排水管	绿色	C100M0Y100K0	
排污管	黑色	C0M0Y0K100	

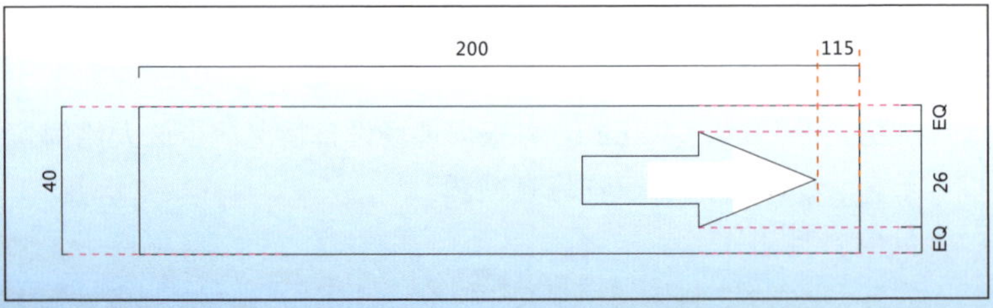

图 75　管道及示流方向标识

5.5.4.8 管道闸阀标识

规格：80 mm×60 mm，可根据现场设备情况适当放大比例。

工艺：2 mm 厚铝板烤漆，图文信息丝网印刷。

色值：C0M100Y100K0、C100M0Y0K0。

安装：不锈钢打孔吊挂安装。

文字：1.2 mm 拉丝不锈钢丝印雕刻，图文信息丝网印刷。

管道闸阀标识如图 76 所示。

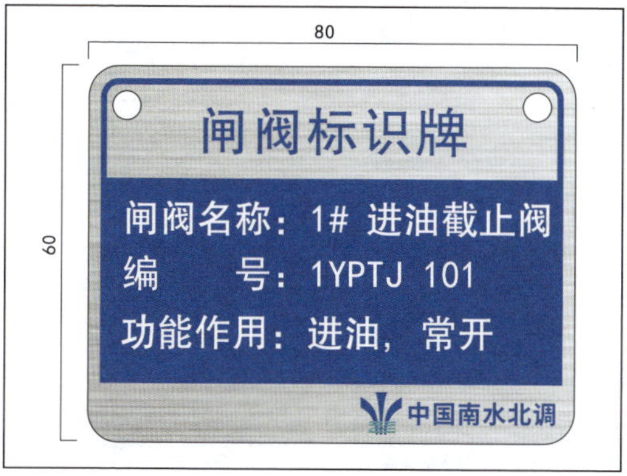

图 76　管道闸阀标识

5.5.4.9 设备/机组/闸门名称标识

规格：300 mm×200 mm/300 mm×100 mm，可根据现场实际情况按比例调整。

工艺：2 mm 厚铝板烤漆，图文信息丝网印刷。

色值：C0M100Y100K0、C80M55Y5K0、C60M5Y25K0。

安装：粘贴安装。

设备/机组/闸门名称标识如图 77 所示。

5.5.4.10 柜眉标识

规格：根据实际情况自定，宽度与柜宽相同。

工艺：2 mm 厚铝板折边柜顶安装，雕刻信息烤漆。

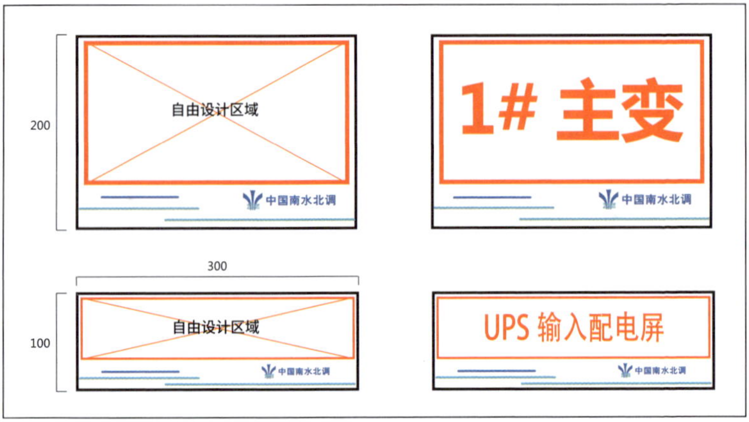

图 77　设备/机组/闸门名称标识

色值：C80M55Y5K0。

安装：粘贴安装。

柜眉标识如图 78 所示。

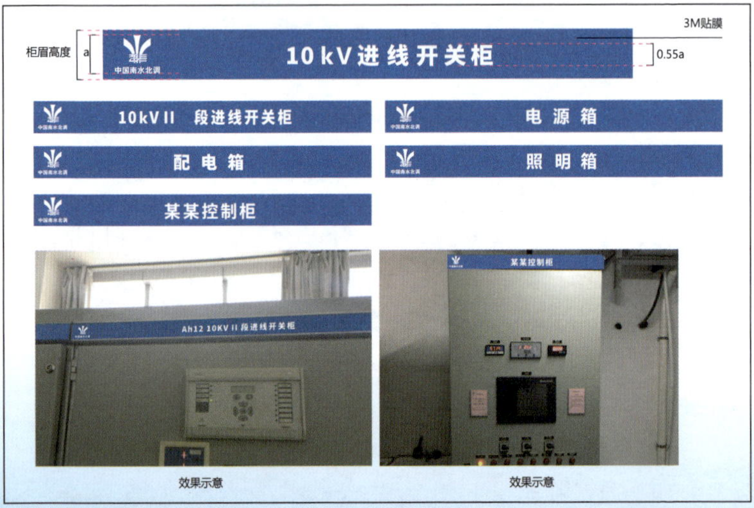

图 78　柜眉标识

5.5.4.11 推拉标识/玻璃警示贴

规格：100 mm×100 mm。

工艺：亚克力丝网印刷。

色值：C60M5Y25K0、C80M55Y5K0。

安装：粘贴安装。

规格：H=120 mm。

工艺：即时贴/电脑刻字。

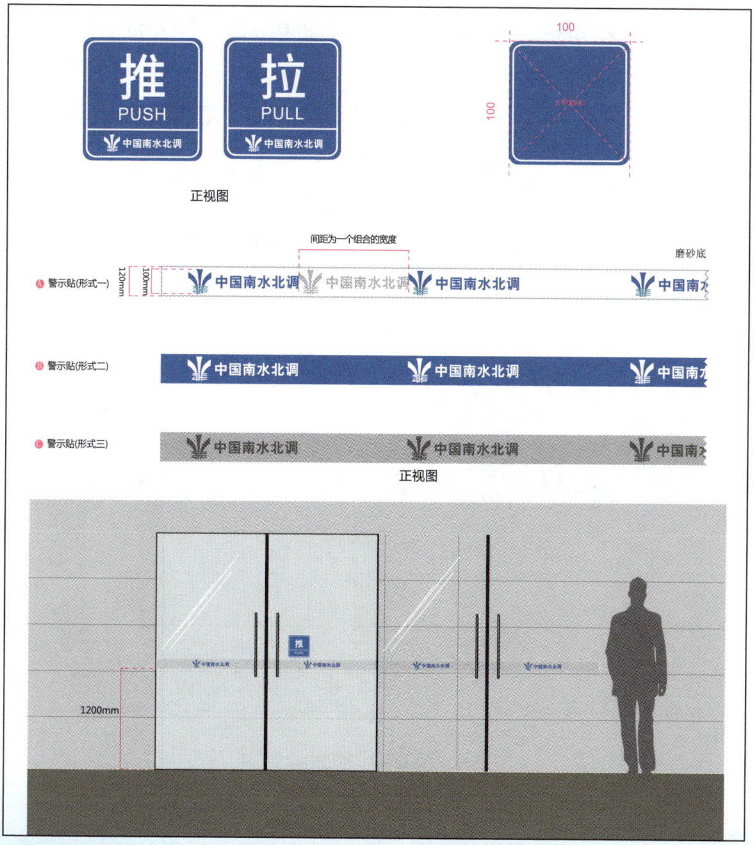

图 79 推拉标识/玻璃警示贴

安装：粘贴安装。

规格：H＝120 mm。

工艺：玻璃警示贴制作，最普通的是用即时贴（PVC 带背胶粘纸）采用电脑刻字，刻成图案或文字粘贴到玻璃上。

色值：C60M5Y25K0、C80M55Y5K0。

安装：粘贴安装。

推拉标识/玻璃警示贴如图 79 所示。

5.5.4.12 公里桩/百米桩标识

规格：公里桩 900 mm×500 mm×300 mm；百米桩 800 mm×300 mm×300 mm。

工艺：由整块芝麻灰石材加工而成，信息石材印刻填漆。

色值：C80M55Y5K0、C60M5Y25K0。

位置：南北水调山东干线工程单侧设置，每 100 m 设置百米桩，满 1 km 设置公里桩。公里桩每 1 km 设置一个。

公里桩/百米桩标识如图 80 所示。

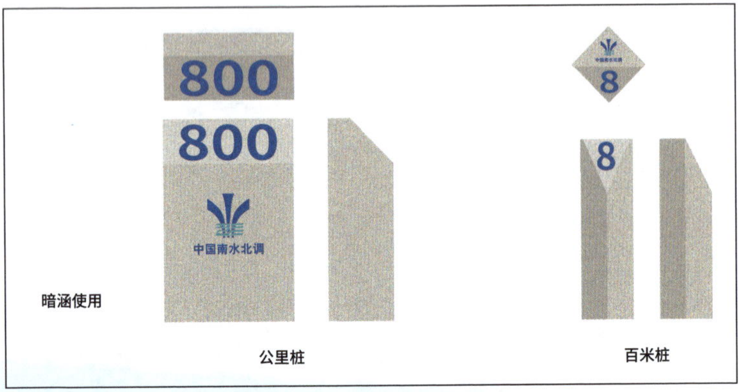

图 80　公里桩/百米桩标识

5.5.4.13 上墙规程、制度标识（方案一）

规格：2400 mm×1200 mm。

工艺：1.2 mm 厚 304 不锈钢雕刻折弯 2 cm 焊接，内衬镀锌方管骨架，分段烤漆，图文信息丝网印刷。

色值：C80M55Y5K0、C60M5Y25K0。

安装：挂孔安装。

上墙规程、制度标识（方案一）如图 81 所示。

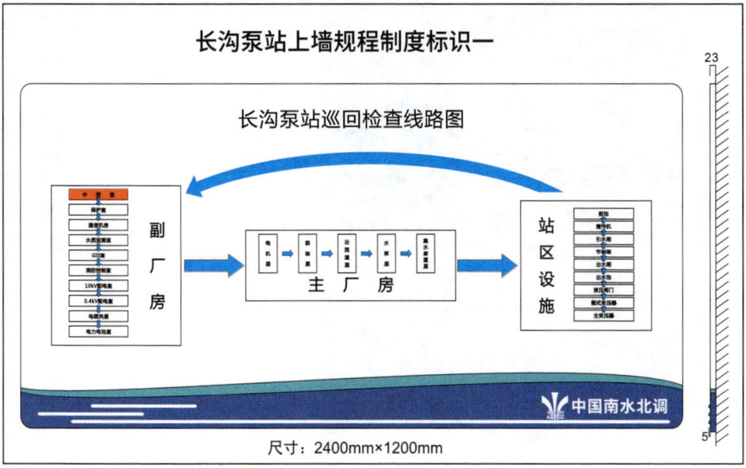

图 81 上墙规程、制度标识（方案一）

5.5.4.14 上墙规程、制度标识（方案二）

规格：950 mm×650 mm×16 mm。

工艺：1.2 mm 厚 304 不锈钢材质，图文信息丝网印刷。或 8 mm+8 mm 亚克力烤漆，图文信息丝网印刷。

色值：C80M55Y5K0、C60M5Y25K0。

安装：挂孔安装。

上墙规程、制度标识（方案二）如图 82 所示。

5.5.4.15 区域安全岗位职责标识

规格：600 mm×400 mm。

工艺：1.2 mm 厚 304 不锈钢雕刻折弯，分段烤漆，图文信息丝网印刷，责任人贴牌为可更换式磁吸。

色值：C80M55Y5K0、C60M5Y25K0。

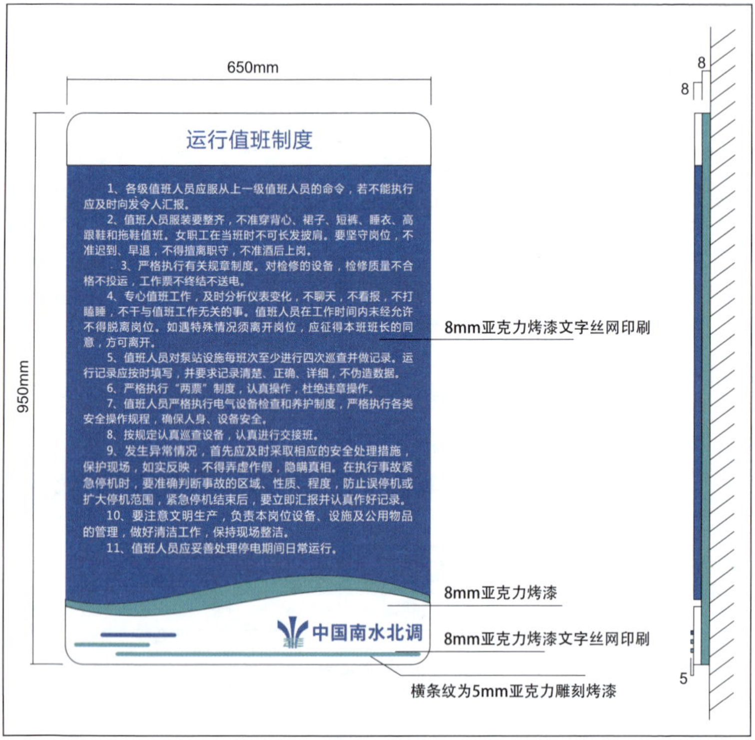

图 82　上墙规程、制度标识（方案二）

安装：打孔安装。

区域安全岗位职责标识如图 83 所示。

5.5.4.16　设备责任牌标识

规格：180 mm×120 mm。

工艺：1.5 mm 厚透明亚克力热弯，2 mm 厚白色亚克力插片，内容丝网印刷。

色值：C80M55Y5K0、C60M5Y25K0。

安装：粘贴安装。

设备责任牌标识如图 84 所示。

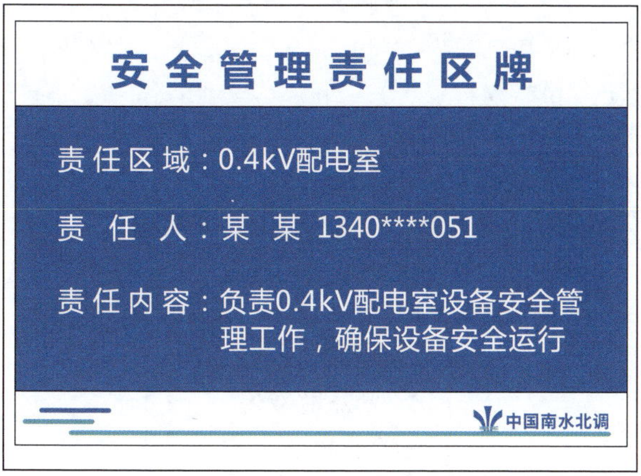

图 83 区域安全岗位职责标识

图 84 设备责任牌标识

5.5.4.17 救生器材、抢险物资（工具）标识

规格：900 mm×500 mm。

工艺：2 mm 厚磨砂 PVC 贴夜光膜。

色值：C0M100Y100K0。

安装：粘贴安装。

救生器材、抢险物资工具标识如图 85 所示。

图 85 救生器材、抢险物资、工具标识

5.5.4.18 应急抢险现场可移动指示牌/警示牌

规格：1200 mm×450 mm（画面内容）。

工艺：可移动标志旗配重，画面喷绘。

色值：C80M55Y5K0、C60M5Y25K0。

安装：立地放置。

应急抢险现场可移动指示牌/警示牌如图 86 所示。

5.5.4.19 救生专用箱标识

规格：1000 mm×850 mm×250 mm。

工艺：1.2 mm 厚 304 不锈钢切割焊接，图文信息丝网印刷。

色值：C60M5Y25K0、C80M55Y5K0。

救生专用箱标识如图 87 所示。

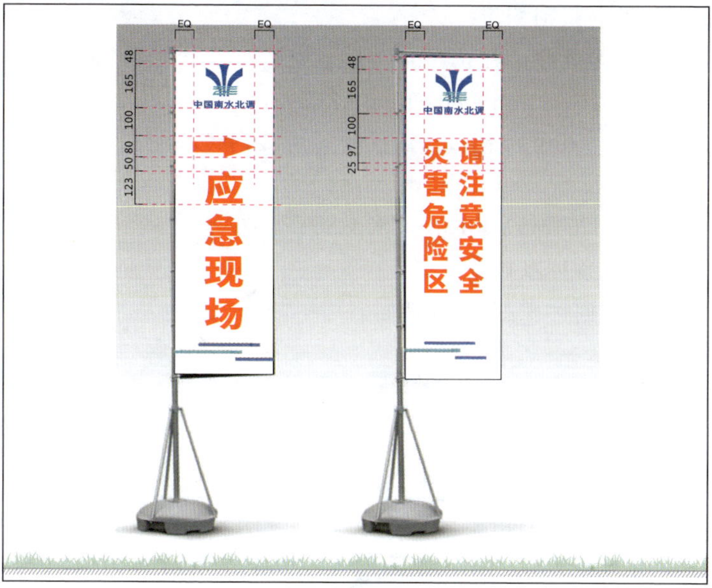

图 86 应急抢险现场可移动指示牌/警示牌

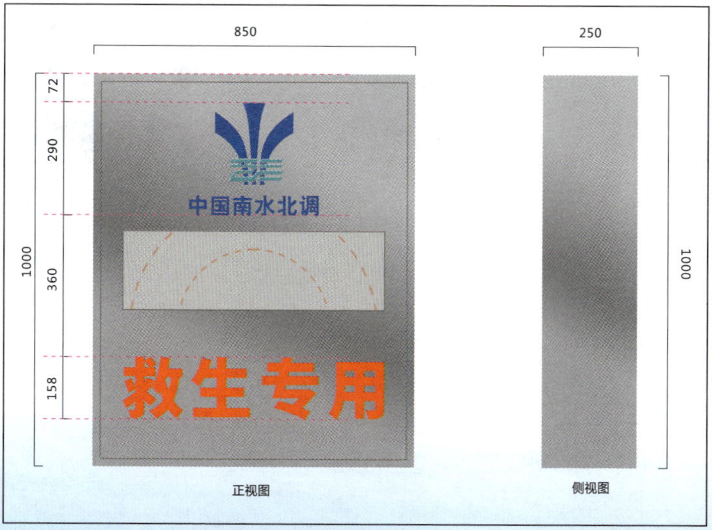

图 87 救生专用箱标识

5.5.5 导向识别标识

5.5.5.1 客流导向标识

规格：2700 mm×800 mm×115 mm。

工艺：3 mm 厚铝板烤漆面板，烤漆白色，雕刻镂空内置亚克力板。

色值：C60M5Y25K0、C80M55Y5K0。

安装：预埋胀栓安装。

客流导向标识如图 88 所示。

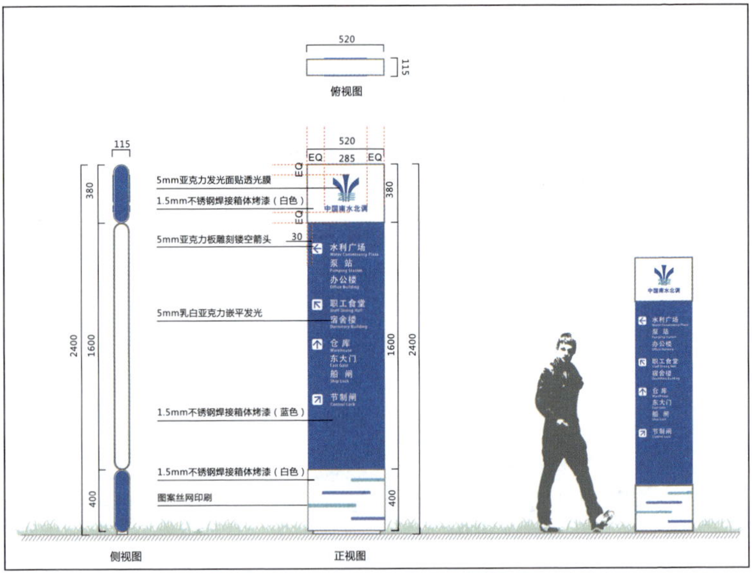

图 88 客流导向标识

5.5.5.2 外来人员参观须知告知标识

规格：1800 mm×500 mm×400 mm。

工艺：3 mm 厚铝板烤漆，图文信息丝网印刷。

色值：C60M5Y25K0、C80M55Y5K0。

安装：钢板配重。

外来人员参观须知告知标识如图 89 所示。

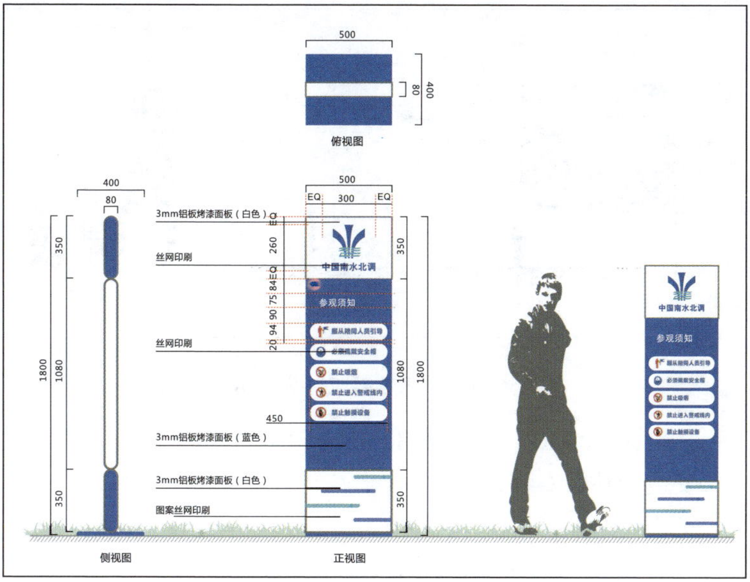

图 89　外来人员参观须知告知标识

5.5.5.3　户外温馨提示类标识

规格：500 mm×300 mm×20 mm，整体高度 900 mm。

工艺：1.5 mm 厚 304 不锈钢刨槽、折弯、焊接，表面图文信息丝网印刷。

色值：C80M55Y5K0。

安装：预埋胀栓安装，预深度 200 mm；钢板配重。

户外温馨提示类标识如图 90 所示。

5.5.5.4　室内形象标识

规格：根据现场实际情况，可根据效果图和空间实际大小按比例缩放尺寸。

工艺：

a）LOGO：1.2 mm 厚 304 不锈钢切割焊接立体字，表面烤漆，厚度 15 mm，背面粘贴亚克力烤漆。

b）字体：1.2 mm 厚 304 不锈钢切割焊接立体字，表面烤漆。

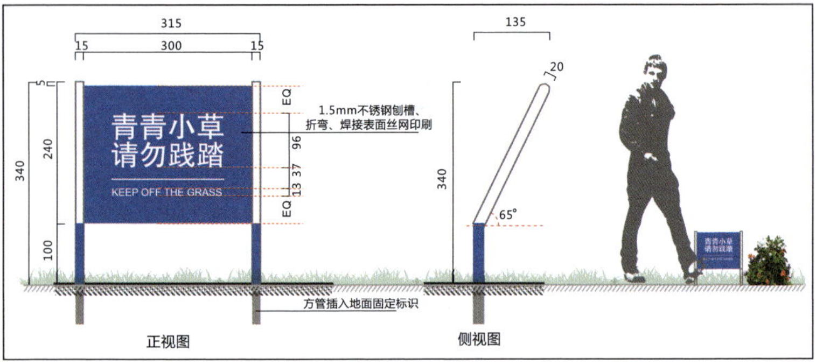

图 90　户外温馨提示类标识

色值：C60M5Y25K0、C80M55Y5K0。

安装：粘贴安装。

室内形象标识如图 91 所示。

图 91　室内形象标识

5.5.5.5　大厅总索引标识

规格：1350 mm×750 mm。

工艺：3 层 4 mm 厚亚克力，图文信息丝网印刷。

色值：C60M5Y25K0、C80M55Y5K0。

安装：L 形挂件安装。

大厅总索引标识如图 92 所示。

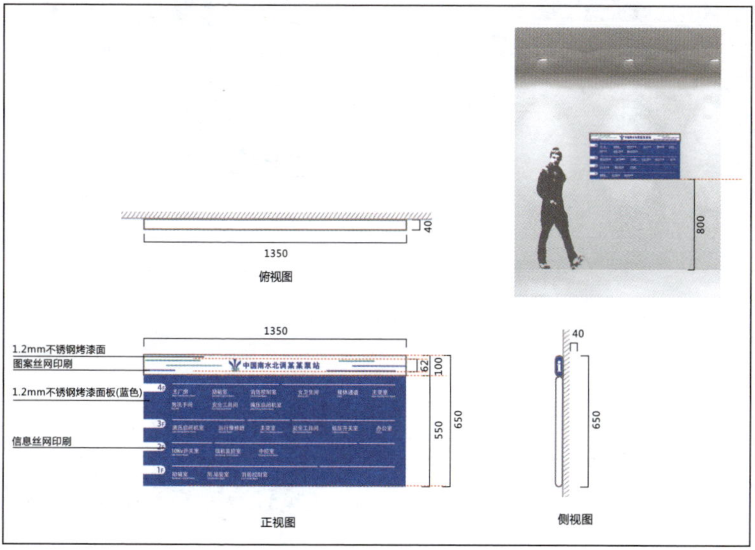

图 92　大厅总索引标识

5.5.5.6　楼层索引标识

规格：950 mm×600 mm，可同比例缩放。

工艺：3 层 4 mm 厚亚克力，图文信息丝网印刷，内容 PVC 板丝网印刷。

色值：C60M5Y25K0、C80M55Y5K0、C5M20Y80K0。

安装：L 形挂件安装。

楼层索引标识如图 93 所示。

5.5.5.7　公共设施标识（楼层号）

规格：240 mm×350 mm×150 mm，可同比例缩放。

工艺：15 mm 厚亚克力喷涂，图文信息丝网印刷。

色值：C60M5Y25K0、C80M55Y5K0。

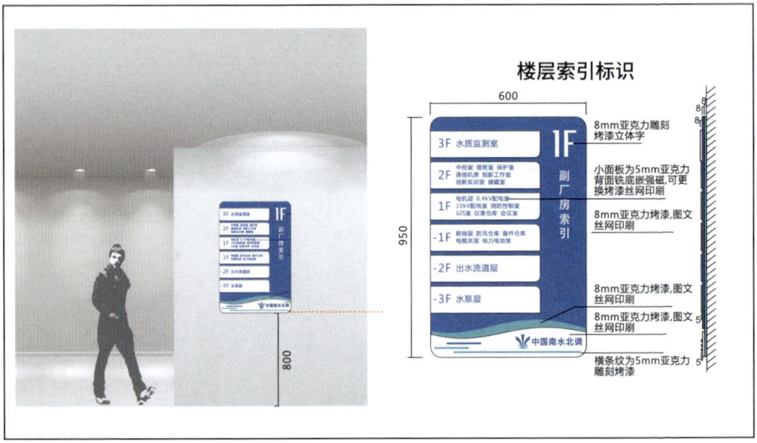

图 93 楼层索引标识

安装：L 形挂件安装。

公共设施标识（楼层号）如图 94 所示。

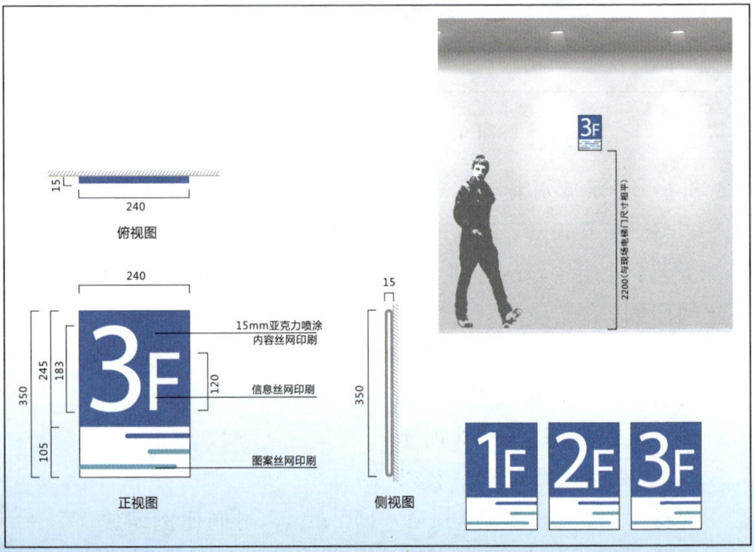

图 94 公共设施标识（楼层号）

5.5.5.8 公共设施标识（卫生间标识）

规格：210 mm×150 mm。

工艺：15 mm 厚亚克力喷涂，内容丝网印刷。

色值：C60M5Y25K0、C80M55Y5K0、C0M100Y100K0。

安装：L 形挂件安装，实际安装高度以现场实际情况定。

公共设施标识（卫生间标识）如图 95 所示。

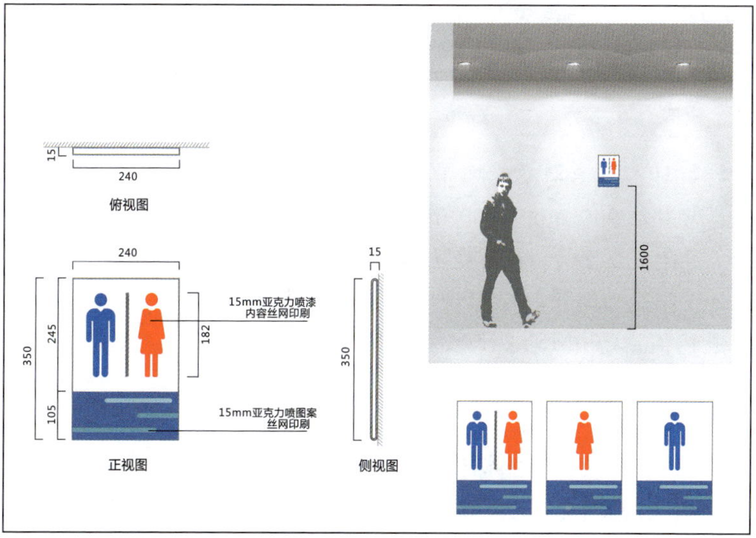

图 95　公共设施标识（卫生间标识）

5.5.5.9 各部门科室标识

规格：300 mm×150 mm。

工艺：5 mm 厚亚克力烤漆，图文信息丝网印刷。

色值：C60M5Y25K0、C80M55Y5K0。

安装：粘贴安装，实际安装高度以现场实际情况定。

各部门科室标识如图 96 所示。

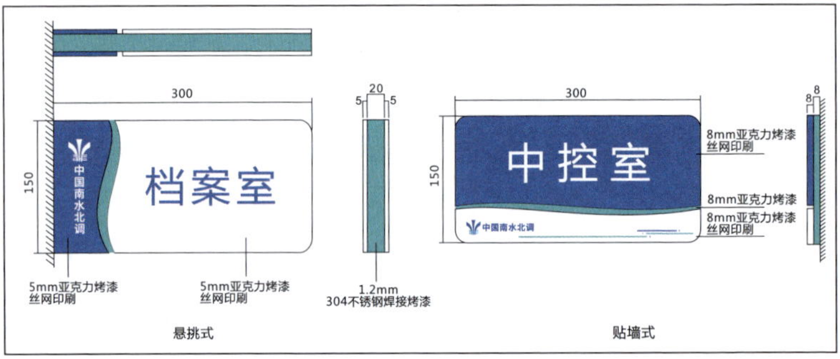

图 96　各部门科室标识

5.5.5.10　紧急疏散平面图

规格：900 mm×600 mm，可同比例缩放。

工艺：8 mm 厚亚克力烤漆，平板打印/丝网印刷，线条 5 mm 亚克力烤漆粘贴厚透明亚克力背烤漆。

色值：C60M5Y25K0、C80M55Y5K0。

安装：粘贴安装。

紧急疏散平面示意图如图 97 所示。

5.5.6　宣传教育设施标识

水法规宣传标识标牌

规格：2000 mm×1000 mm×260 mm。

工艺：304 不锈钢烤漆，图文信息丝网印刷，白色内容部分反光贴膜，镀锌钢管支架。

色值：C60M5Y25K0、C80M55Y5K0。

安装：预埋胀栓安装。

水法规宣传标识标牌如图 98 所示。

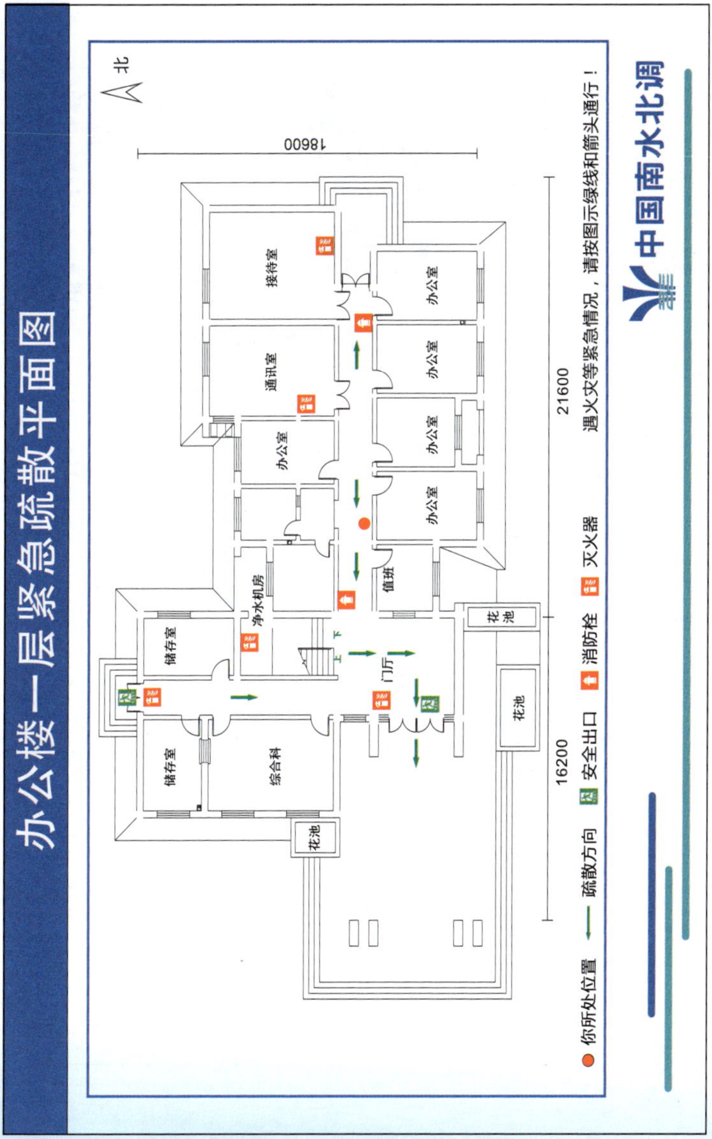

图 97 紧急疏散平面示意图

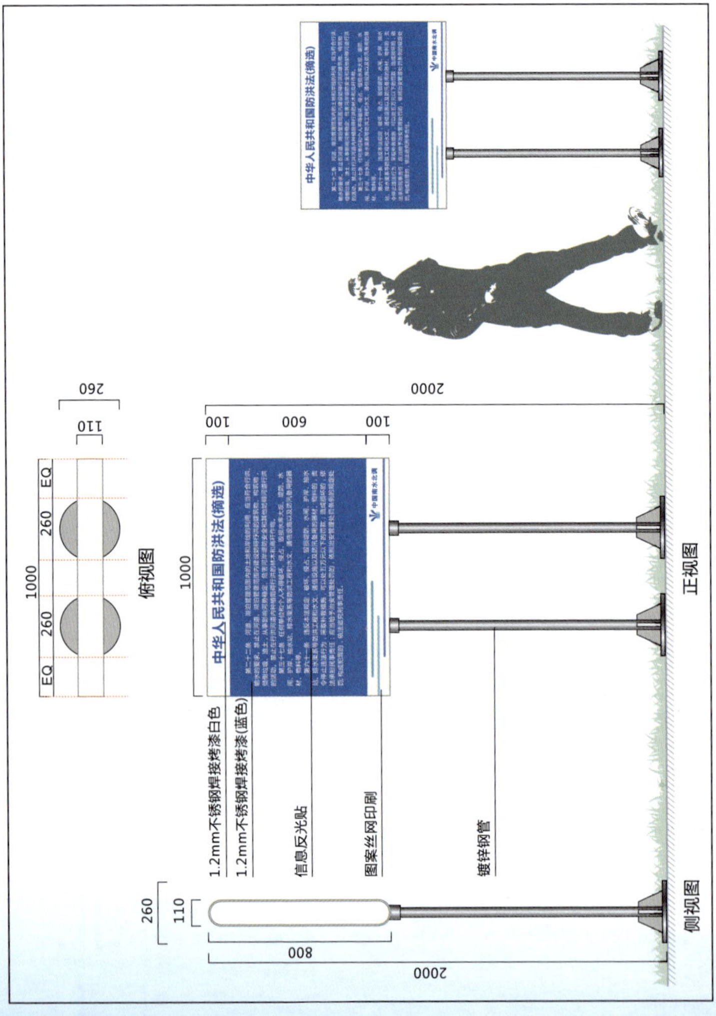

图 98 水法规宣传标识标牌